별미의 여왕

누가 해도 참 맛있는 **요안나의 별미요리 187**

별미의 여왕

펴낸날 초판 1쇄 2014년 1월 7일 ㅣ 초판 4쇄 2016년 4월 25일

지은이 요안나 이혜영

펴낸이 임호준
이사 이동혁
편집장 김소중
편집 2팀 장문정 김희현
디자인 왕윤경 김효숙 정윤경 ㅣ **마케팅** 강진수 임한호 김혜민
경영지원 나은혜 박석호 ㅣ **e-비즈** 표형원 이용직 김준홍 류현정 차상은

기획 윤은숙 ㅣ **인쇄** ㈜웰컴피앤피

펴낸곳 비타북스 ㅣ **발행처** ㈜헬스조선 ㅣ **출판등록** 제2-4324호 2006년 1월 12일
주소 서울특별시 중구 태평로1가 61 ㅣ **전화** (02) 724-7637 ㅣ **팩스** (02) 722-9339
홈페이지 www.vita-books.co.kr ㅣ **블로그** blog.naver.com/vita_books ㅣ **페이스북** www.facebook.com/vitabooks

© 이혜영, 2014

ISBN 979-11-85020-19-8 13590

• 이 도서의 국립중앙도서관 출판시도서목록(CIP)은 서지정보유통지원시스템 홈페이지(http://seoji.nl.go.kr)
  와 국가자료공동목록시스템(http://www.nl.go.kr/kolisnet)에서 이용하실 수 있습니다.
  (CIP제어번호: CIP2013027918)

비타북스

누가 해도 참 맛있는 **요안나의 별미요리 187**

별미의 여왕

요안나 이혜영
지음

비타북스

 contents

프롤로그 … 008

요리가 쉬워지는 재료 계량 … 010
요리가 쉬워지는 기본양념 … 013
맛과 건강까지 생각한 홈메이드 양념 & 소스 & 육수 … 016
똑소리 나는 알뜰 주부가 되는 장보기 노하우 … 019
똑소리 나는 알뜰 주부를 위한 식재료 손질과 보관 … 021
요안나의 맛있는 요리를 만드는 비결 … 024

 **PART 01** 입맛 없는 날을 위한 **한그릇 별미**

한그릇 뚝딱! 밥요리

채소죽 … 028
참치죽 … 029
흑임자죽 … 030
단팥죽 … 031
호박죽 … 033
단호박영양밥 … 033
콩나물밥 … 034
홍합밥 … 035
회덮밥 … 036
나물비빔밥 … 037
돌솥비빔밥 … 038
멍게비빔밥 … 039
캘리포니아롤 … 040
달걀말이김밥 … 041
숯불갈비김밥 … 042
연어초밥 … 043
색색주먹밥 … 044
충무김밥 … 045
오니기리 … 046
모둠 쌈밥 … 047
오므라이스 … 048
해물리조또 … 049
나시고랭 … 050
치킨돈부리 … 051

한그릇 뚝딱! 면요리

쟁반냉면 … 052
잔치국수 … 053
김치말이국수 … 054
콩국수 … 055
메밀국수 … 056
해물칼국수 … 057
쌀국수 … 058
냄비우동 … 059
토마토스파게티 … 060
카르보나라 … 061
짜장면 … 062
해물짬뽕 … 063

Special page

비 오는 날 생각나는 별미요리

김치전 … 064
감자전 … 065
감자옹심이 … 066
삼색수제비 … 068
어묵탕 … 070

제철요리 **봄**

곤드레밥 … 074
냉이쑥국 … 076
간장게장 … 078
주꾸미볶음 … 080
두릅튀김 … 082
봄나물전 … 083

제철요리 **여름**

전복죽 … 084
초계탕 … 086
민어매운탕 … 088
열무냉면 … 090
오이미역냉국 … 091
갈치조림 … 092

제철요리 **가을**

표고버섯밥 … 094
연포탕 … 096
전어회무침 … 098
새우매운찜 … 100
꽃게찜 … 102
해물파전 … 104

제철요리 **겨울**

굴국 … 106
굴무침 … 108
홍합탕 … 109
등갈비김치찜 … 110
시래깃국 … 112
아귀찜 … 114

Special page

요리 초보를 위한 참 쉬운 명절음식

설날
쇠고기떡국 … 116
갈비찜 … 118
녹두빈대떡 … 120
나박김치 … 122
삼색나물 … 124

대보름
오곡밥 … 126
쇠고기뭇국 … 128
묵은 나물볶음 … 130
약식 … 132

추석
송편 … 134
토란국 … 136
떡갈비 … 138
모둠전 … 140
수수부꾸미 … 142

건강하고 정갈한 한식요리

탕평채 … 146
구절판 … 148
쇠고기찹쌀편채 … 150
잡채 … 152
닭고기무쌈말이 … 154
쇠고기샤브샤브 … 155
쇠고기버섯전골 … 156
육개장 … 158
감자탕 … 160
생태탕 … 162
단호박꽃게탕 … 164
해물탕 … 166
닭갈비 … 168
닭볶음탕 … 170
불고기 … 172
된장삼겹살 … 173
매운 갈비찜 … 174
안동찜닭 … 176
수육보쌈 … 178
오징어순대 … 180

레스토랑 부럽지 않은 퓨전요리

양송이수프 … 182
연어스테이크 … 183
립바비큐 … 184
탄두리치킨 … 185
난과 커리 … 186
월남쌈 … 188
찹쌀탕수육 … 190
누룽지탕 … 192
칠리새우 … 194
난자완스 … 196

아이들 입맛에 맞춘 아이 별미요리

참치샌드위치 … 198
수제 햄버거 … 199
고구마피자 … 200
초밥케이크 … 202
단호박치즈돈까스 … 204
찹스테이크 … 206
크리스피치킨 … 208
닭강정 … 210

누구나 좋아하는 술안주

토마토카프레제 … 212
레몬크림새우 … 213
두부김치 … 214
오징어통구이 … 215
골뱅이무침 … 216
아몬드닭꼬치 … 218
오코노미야끼 … 220
참치타다끼 … 222
대합치즈구이 … 224
로스트치킨 … 226

Special page

입맛 돋우고 건강에도 좋은 샐러드

딸기샐러드 … 228
블루베리샐러드 … 229
토마토자몽샐러드 … 230
연어샐러드 … 231
리코타치즈샐러드 … 232
차돌박이샐러드 … 234

PART 04 가족 건강을 위한 건강식 & 보양식

인삼영양솥밥 … 238
매생이굴국 … 240
꼬리곰탕 … 241
우족탕 … 242
삼계탕 … 244
누룽지백숙 … 246
더덕구이 … 248
두릅무쌈말이 … 250
장어구이 … 251
전복치즈구이 … 252
낙지해물찜 … 254
오향장육 … 256
전가복 … 258

Special page

곁들여내기 좋은 별미 김치 & 장아찌

과일물김치 … 260
석류물김치 … 262
한입 오이소박이 … 264
풋고추김치 … 266
백김치 … 268
보쌈김치 … 270
통양파장아찌 … 272
곰취장아찌 … 273
매실장아찌 … 274
모둠장아찌 … 276

PART 05 빠질 수 없는 간식 & 디저트

고구마크로켓 … 280
고구마단호박맛탕 … 282
옥수수빠스 … 284
비빔만두 … 286
치킨너겟 … 287
치킨볼강정 … 288
치킨떡볶이 … 290
견과모둠강정 … 292
견과찰떡 … 294
오색경단 … 296
감자팬케이크 … 297
달걀빵 … 298
머랭쿠키 … 299
말라사다도넛 … 300
아이스크림 와플 … 302
애플파이 … 304

청포도타르트 … 306
브라우니 … 308
티라미수 … 310
과일빙수 … 311
우유푸딩 … 312

Special page

건강하게 마시는 홈메이드 음료

블루베리주스 … 314
홍시스무디 … 315
고구마라떼 … 316
와인샹그리아 … 317
단호박식혜 … 318
수정과 … 320

여성들도 몹시 바쁜 세상입니다. 각자의 직업전선에서 남자 못지않게 활발하게 일하는 여성들이 참 많지요. 정신없이 바쁘게 살다 보니 제때 끼니를 해결하지 못하고 아침식사 정도는 건너뛰는 일이 예사롭게 되어버린 가정도 점차 늘고 있지요. 한 가족이 식탁에 둘러앉아 담소를 나누며 식사하는 시간도 점점 줄어들고 있고요.

바쁘게 살아가는 세상이지만, 살면서 누군가와 함께하고 싶은 순간이 종종 있지요. 오랜만에 만난 친구들, 늘 챙겨주고 싶은 부모 형제들, 함께하기에 더욱 정을 나누고 싶은 동료들, 오붓한 한때를 보내고 싶은 사랑하는 이… 이럴 때 먹는 소중함을 놓칠 수 없습니다. 특별한 날을 축하하고 기념하는 자리에 맛깔스러운 음식들은 분위기를 더욱 화기애애하게 띄워주지요. 느닷없이 들이닥친 남편 친구들, 예고 없이 찾아온 친척들, 가벼운 마음으로 문 두드리는 이웃들과 함께하는 자리에도 알토란 같은 음식들이 필요합니다.

이 책은 넘쳐나는 수많은 먹을거리 중에서 보석 같은 요리들만 쏙쏙 담았습니다. 어떤 상차림을 하든, 어떤 손님을 맞이하든 이 책 한 권만 있으면 아무 걱정 없이 마술 같은 밥상이 뚝딱 차려질 수 있기를 바라며 세밀하게 구성했습니다.

얼마 전 사회 초년생인 딸내미의 생일이었어요. 친구들과 집에서 생일파티를 하고 싶으니 엄만 아무 걱정 마시고 집만 비워달라더군요. 평소 엄마의 요리를 잘 따라 하는 터라 "그래 친구들과 재미있는 시간을 보내보렴" 하면서 외출했지요.

돌아와서 보니 온통 널브러진 주방이며, 쓰다 만 아까운 자투리 재료들이 난무하는 냉장고까지. 하지만 땀을 뻘뻘 흘리며 엄마의 요리를 따라 했을 딸내미의 모습을 상상하니 기특한 마음이 들어 마구 칭찬을 해줬지요. 그 흔한 이탈리안 레스토랑에 가지 않고 친구들에게 정성 들인 별미를 직접 만들어주고 싶어 치킨샐러드, 양송이수프를 비롯해 두부스테이크, 토마토스파게티그라탕, 티라미수까지 차려낸 딸내미가 기특해 보였답니다.

요즘엔 눈만 돌리면 외식할 수 있는 맛집이 동네마다 그득합니다. 그만큼 외식산업이 폭넓게 발전해서 동네 깊숙이 파고들었죠. 때로는 집에서 요것조것 장을 봐다가 요리해서 먹는 것보다 동네 맛집에 가서 사 먹는 것이 더 저렴할지도 모릅니다. 하지만 손수 정성 들여 차린 요리를 소중한 사람들과 함께하는 것은 상대방의 마음까지 흐뭇하게 만든답니다.

이 책은 동네 맛집이나 레스토랑에서 먹던 요리를 집에서도 만들 수 있도록 했습니다. 맛깔나는 한식은 물론 까다로워 보이는 이탈리아요리, 베트남요리, 인도요리, 중국요리, 일본요리도 누구나 책을 펼쳐놓고 따라 할 수 있도록 쉽게 풀어 설명했지요. 구하기 어려운 외국 향신료나 재료는 배제했지만, 최대한 요리의 제맛을 살릴 수 있는 데 중점을 두었습니다.

식사 전에 입맛을 돋우는 애피타이저(전채)부터 밥요리, 국물요리, 제철요리, 명절요리, 손님상차림, 건강 보양식, 퓨전요리, 디저트(후식)까지. 이 책 한 권이면 떡 벌어진 한상차림을 멋들어지게 차릴 수 있게 메뉴를 골고루 담았습니다.

그간 여덟 권의 요리책을 내보냈지만 매번 긴장됨은 어쩔 수 없는 모양인가 봅니다. 아홉 번째 내는 이번 책 역시도 떨리는 마음은 여전합니다. 지난겨울부터 일 년여 동안 매일 한 가지, 두 가지씩 요리하며 정들었던 레시피들입니다. 요리 재료를 직접 구해오고, 다듬고, 요리하고, 사진 찍고, 레시피를 쓰는 일인다역의 역할을 하면서 마치 내 가족, 내 이웃을 위해 한상차림을 차려내는 듯한 마음으로 하나하나 만들었습니다.

요안나의 아홉 번째 요리책을 하늘나라에서 흐뭇하게 지켜보고 계실 아버지와 늘 내 건강 때문에 노심초사하시는 엄마, 든든한 버팀목이신 시부모님, 무엇보다 사랑하는 고집쟁이인 내 남편과 나의 보석 서연이, 웅언이, 오랜 기간 함께해온 너무나도 고마운 요리 파트너 보영이, 물심양면으로 도와주신 비타북스의 카리스마 김소중 편집장님, 윤은숙 차장님, 이 모두에게 이 자리를 빌려 고마운 마음을 전합니다.

이 책이 고급스럽게 서가에 꽂혀 있지 않고, 주방 한 귀퉁이에 놓여 요리할 때마다 보고, 또 보는 요리책이 되길 바라면서 애틋한 마음으로 이 책을 세상에 내보냅니다.

2014년 1월

요안나 이혜영

요리가 쉬워지는 재료 계량

예전에는 계량컵이나 계량스푼 없이는 요리책 레시피를 따라 하기 어려웠어요.
그래서 집에 계량 도구를 갖춰놓아야 하는 번거로움이 있었어요.
하지만 이젠 어느 집에나 있는 밥숟가락, 찻숟가락 그리고 종이컵을 이용해서
쉽게 계량할 수 있고, 손으로 한 줌 집어서 눈대중으로 계량할 수 있답니다.

쉽게 재료 계량하기

- 밥숟가락으로 양을 잴 때 : 1큰술(15ml)
- 찻숟가락으로 양을 잴 때 : 1작은술(5ml)
- 종이컵으로 양을 잴 때 : 1컵(200ml)
- 손으로 자연스럽게 쥐었을 때 : 1줌

가루 재료 계량하기

1큰술	1/2큰술	1작은술	1컵
밥숟가락으로 자연스럽게 떠 담아요.	밥숟가락의 절반 정도만 떠 담아요.	찻숟가락으로 자연스럽게 떠 담아요.	종이컵에 가득 담아 자연스럽게 윗면을 깎아요.

액체 재료 계량하기

1큰술	1/2큰술	1작은술	1컵
밥숟가락에 찰랑거리게 담아요.	밥숟가락의 가장자리가 보이도록 절반 정도만 담아요.	찻숟가락으로 찰랑거리게 담아요.	종이컵에 찰랑거리게 담아요.

장류 계량하기

1큰술
밥숟가락으로 소복하게 떠
담아요.

1/2큰술
밥숟가락의 절반 정도만 소
복하게 떠 담아요.

1작은술
찻숟가락으로 소복하게 떠
담아요.

1컵
종이컵에 소복하게 담아요.

다진 양념 계량하기

1큰술
밥숟가락으로 소복하게 떠
담아요.

1/2큰술
밥숟가락의 절반 정도만 떠
담아요.

1작은술
찻숟가락으로 소복하게 떠
담아요

1컵
종이컵에 소복하게 담아요.

손으로 계량하기

시금치 1줌
한 손으로 자연스럽게 쥐어
요.

콩나물 1줌
한 손으로 가득 쥐어요.

소면 1줌
한 손으로 오백원 동전 크
기만큼 쥐어요.

멸치 1줌
한 손으로 자연스럽게 쥐어
요.

쇠고기(5cm×5cm×2cm)　꽁치 1마리　국멸치 1/2컵　달걀 2개

콩 1/2컵　느타리버섯 1줌　무(지름 10cm×두께 1cm)　단호박 1/8개

파프리카 1/2개　브로콜리 1/2개　시금치 3줄기　오이 1/2개

양파 1/2개　대파 2대　통마늘 20쪽　토마토 1/2개

바나나(중) 1개　두부 1/3모　소면(500원 동전 크기만큼 잡은 양)　슬라이스치즈 5장

요리가 쉬워지는 기본양념

요리에 자신이 없어도 기본양념만 제대로 갖추고 있다면 문제없어요.
음식의 맛은 양념에서부터 비롯되니까요. 기본양념에서부터 맛깔나는 별미요리를 만들기 위한
양념들을 소개하니 요리에 자신감을 가져보세요.

진간장, 국간장

국간장은 조선간장이라고도 하며, 한식 면요리의 국물을 낼 때나 나물을 무칠 때 사용해요. 일반적으로 간장이라 불리는 진간장은 각종 요리의 간을 맞추고 우동 등에 넣어 간을 하고 감칠맛을 내요.

된장, 고추장, 미소된장

콩 발효식품인 된장은 주성분인 단백질이 여러 냄새를 흡착하는 성질을 가지고 있어 비린내, 잡내를 없애는 데도 효과적이에요. 고추장은 곡물의 탄수화물에서 나온 단맛과 고추의 매운맛을 가지고 있어 매콤한 요리에 다양하게 쓰여요. 미소된장은 일본 된장으로 담백하고 맛이 순해요.

멸치액젓, 까나리액젓

멸치액젓은 단맛이 적고 특유의 젓갈 냄새가 강하며 감칠맛과 깊은 맛을 내기 때문에 김치 등 발효음식에 넣으면 좋아요. 까나리액젓은 국이나 찌개의 간을 맞출 때 넣으면 깔끔하고 개운한 맛을 내줘요.

참기름, 콩기름, 포도씨유, 올리브유

참깨에서 추출한 참기름은 고소하고 향이 좋아 나물무침, 각종 한식 양념에 두루 사용해요. 식용유로 가장 많이 쓰이는 콩기름은 담백하고 고소해 볶음요리에, 포도씨를 압착해서 만드는 포도씨유는 부침, 튀김, 구이 등 고온 요리에 적합해요. 올리브유는 샐러드드레싱, 소스, 양념뿐 아니라 부침이나 볶음요리에도 잘 어울려요.

청주, 맛술, 와인

청주의 알코올 성분이 고기와 생선의 누린내, 비린내를 제거하는 데 효과적이며, 재료를 더욱 신선하고 부드럽게 만들어요. 맛술은 음식의 잡냄새를 잡아주고, 감칠맛을 돋우어 고기요리, 생선요리, 국수요리에 쓰이지만 당분이 들어 있어 간 조절을 잘해야 해요. 와인은 요리에 잡내를 없애고 풍미를 더해주어 맛을 돋우는 역할을 해요.

굴소스, 해선장소스

굴소스는 굴을 소금물에 넣어 발효시켜 간장처럼 만든 중국식 소스예요. 특유의 감칠맛과 향미가 있어서 볶음요리에 맛을 내고 간을 맞추는 데 사용해요. 해선장소스는 호이신소스라고도 하며 중국요리에 사용되는 조미료예요. 짠맛과 단맛이 주로 나며 독특한 향을 내기 때문에 국물요리나 딥소스 등으로 사용해요.

설탕, 소금, 고춧가루

설탕을 많이 섭취하면 우리 몸의 귀중한 비타민, 미네랄을 축내요. 최근엔 비정제 설탕이나 올리고당, 꿀 등을 설탕 대용으로 많이 사용해요. 소금은 일반적으로 꽃소금과 굵은소금이 쓰여요. 굵은소금은 간수만 빼낸 상태로 불순물이 완벽하게 걸러지지 않았지만 수분과 무기질이 풍부해요. 소금은 눅눅해지지 않도록 보관하세요. 고춧가루는 대표적인 매운 양념으로 한식요리에 폭넓게 이용해요. 공기와 오래 접촉하면 맛과 냄새가 약해지니 밀폐해서 서늘한 곳이나 냉장고에 보관해요. 특히 더운 여름철엔 냉장이나 냉동 보관하는 것이 좋아요.

발효식초, 발사믹식초, 레몬즙

식초는 샐러드드레싱, 냉채소스, 바삭한 튀김옷을 만들 때, 껍질째 먹는 과일을 씻을 때, 피클이나 장아찌를 만들 때 사용해요. 2배식초는 일반 식초보다 산도가 두 배 높은 식초로 적은 양으로도 신맛을 내 경제적이에요. 발사믹식초는 포도즙으로 만든 식초로 숙성기간이 길수록 향과 풍미가 좋아요. 샐러드드레싱, 생선요리, 육류요리에 사용되며 빵에 찍어 먹기도 해요. 레몬즙은 레몬 원액을 농축시켜 요리의 상큼한 맛을 더하고 비린내, 잡내를 없애는 역할을 해요.

스리랏차칠리소스, 칠리소스, 핫소스

스리랏차칠리소스는 동남아시아의 매운 고추로 만든 소스로 동남아시아 요리나 쌀국수에 첨가해 먹으면 일품이에요. 칠리소스는 고추의 매운맛에 단맛을 가미한 소스로 스파게티, 새우튀김, 샤브샤브 고기 등에 곁들여 먹으면 좋아요. 핫소스는 멕시코 타바스코 지방의 빨갛고 매운 고추만을 이용해 만든 자극성이 강한 소스로 기름진 음식을 먹을 때 사용하면 느끼함이 덜해요.

피시소스

피시소스는 동남아시아에서 사용하는 소스로 생선, 해물을 발효시켜 만들어 우리의 멸치액젓과 비슷한 맛이 나요. 국물에 넣거나 찍어 먹는 소스로도 쓰여요.

머스터드소스, 돈까스소스

머스터드소스는 알싸하면서 향긋해 육류요리에 감칠맛을 더하고, 각종 드레싱이나 소스에 사용돼요. 돈까스소스는 주로 돈까스에 뿌려 먹지만 짭조름한 소스를 만들 때 사용해도 좋아요.

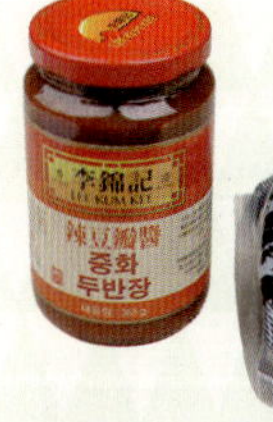

두반장, 춘장

매콤한 사천요리에 많이 쓰이는 두반장은 된장에 고추, 향신료를 넣어 만든 매운 양념으로 매콤한 볶음요리(특히 마파두부)에 꼭 들어가는 양념이에요. 춘장은 대두를 발효 숙성시켜 만든 중국 된장으로 짜장면을 만들 때 쓰여요.

토마토소스

토마토를 주재료로 한 소스로 이탈리아요리에 많이 쓰여요. 입자가 크고 거칠며 토마토의 상큼함이 그대로 느껴지는 소스랍니다.

마요네즈, 케첩

마요네즈는 주로 샐러드드레싱에 많이 쓰이며, 고소한 맛을 더해줘요. 케첩은 토마토를 농축시켜 설탕, 소금, 식초, 향신료로 조미한 것으로 스파게티, 오믈렛, 햄버거 등 주로 양식에 사용하는 소스로 요리에 산뜻한 맛을 더해요.

고추기름

중국 사천요리에 쓰이는 조미료로 라유라고 불러요. 고춧가루를 식용유에 볶아 우려낸 기름으로 각종 매운 요리에 쓰이며 매운맛과 함께 부드러운 맛을 내요.

연겨자, 연와사비

겨자와 와사비가루를 사용하기 편하도록 개어놓은 것으로 연겨자는 냉면, 냉채요리나 톡 쏘는 매운맛 소스를 만들 때 넣으면 독특한 향까지 더해줘요. 연와사비는 초밥이나 회를 먹을 때 주로 사용하며 코끝을 톡 쏘는 독특한 맛과 향이 있어요.

후추, 통후추, 굵은 후추

후추는 맵고 특이한 풍미가 있어 고기의 누린내나 생선 비린내를 없애고, 방부 역할을 해요. 통후추는 고기 삶을 때, 피클, 장아찌 등을 담글 때 주로 사용하며, 직접 갈아서 사용하기도 해요. 굵은 후추는 일반 후추보다 입자가 다소 굵고 맛이 진해 고기요리 등에 사용해요.

**파마산치즈가루,
파슬리가루, 바질가루**

치즈가루는 치즈를 곱게 갈아 만든 것으로 짭짤하고 고소해서 피자, 스파게티, 수프에 뿌려 먹거나 제과제빵 재료로 쓰여요. 파슬리, 바질, 오레가노 등의 허브가루는 각기 독특한 맛과 향으로 양식의 맛을 돋우며, 식욕을 자극할 때 사용해요.

맛과 건강까지 생각한 홈메이드 양념 & 소스 & 육수

가족의 건강을 위해 요리하면서 가장 신경 쓰이는 것은 양념에 들어 있는 식품첨가물이에요.
좋은 재료를 골라 정성들여 집에서 양념과 소스를 만들어 먹으면
훨씬 감칠맛이 나고 가족의 건강까지 챙길 수 있답니다.

홈메이드 양념

맛간장

일반 간장에 향신채와 신맛, 단맛을 더해 일반 간장보다 염분이 낮고 감칠맛이 좋아 간장이 들어가는 어떤 요리에도 사용이 가능해요. 분량의 재료를 끓였다 식혀서 사용해요.

재료 간장 2컵, 설탕 1.5컵, 청주 1/2컵, 맛술 1/2컵, 물 2컵, 배 1/4개, 사과 1/2개, 레몬즙 5큰술, 생강 1쪽, 통마늘 6쪽, 양파 1/2개, 통후추 1큰술

양념간장

가장 용도가 다양한 양념장으로 잔치국수, 칼국수에 곁들여 간을 맞추어 먹으며, 각종 조림, 볶음요리에 이용해도 좋아요.

재료 간장 3큰술, 맛술 1큰술, 설탕 1/2작은술, 다진 파 1큰술, 다진 마늘 1/2큰술, 참기름 1큰술, 통깨 1큰술

불고기양념간장

달짝지근한 맛이 나며 쇠불고기에 이용할 수 있는 양념장이에요. 생선이나 고기조림에도 활용할 수 있어요.

재료 간장 6큰술, 설탕 3큰술, 다진 파 3큰술, 다진 마늘 2큰술, 청주 2큰술, 키위즙 또는 배즙 3큰술, 참기름 2큰술, 통깨 1큰술, 후추 약간

초고추장

고추장에 새콤달콤한 맛을 더해 각종 생선회, 해물을 찍어 먹거나 생채, 무침 등의 양념으로 이용해요.

재료 고추장 4큰술, 식초 1큰술, 설탕 1큰술, 통깨 1큰술

비빔양념장

비빔국수, 비빔냉면, 비빔밥, 무침 등의 요리에 사용해요.

재료 고추장 3큰술, 고춧가루 1큰술, 간장 1큰술, 식초 3큰술, 설탕 1큰술, 매실청 2큰술, 사과즙 2큰술, 맛술 2큰술, 다진 마늘 1/2큰술, 참기름 1큰술, 통깨 1큰술

매운탕양념장

각종 매운 한식 국물요리에 두루 쓰이는 양념장으로 얼큰하고 비린내를 없애며, 감칠맛을 내줘요.

재료 고춧가루 4큰술, 청주 3큰술, 양파즙 3큰술, 다진 마늘 1큰술, 다진 생강 1작은술, 조선간장 2큰술, 소금 1/2큰술

매운 볶음양념장

한식의 해물, 생선, 채소 등 매운 볶음요리의 양념으로 두루 사용해요.

재료 고추장 2큰술, 고춧가루 1큰술, 간장 1큰술, 설탕 1/2큰술, 물엿 1큰술, 다진 마늘 1큰술, 청주 1큰술, 참기름 1큰술, 후추 약간

홈메이드 소스

마요네즈

집에서 만드는 마요네즈는 첨가물이 일체 들어가지 않아 안심하고 먹을 수 있어요. 만드는 법이 간단하니 이젠 집에서 만들어보세요.

재료 식용유 1컵, 달걀 1개, 식초 2큰술, 설탕 2큰술, 레몬즙 1큰술, 소금 1작은술, 흰후추 약간

케첩

토마토의 깊고 진한 맛을 느끼려면 직접 케첩을 만들어보세요.

재료 완숙 토마토 4개, 양파 1/4개, 통마늘 2쪽, 월계수잎 2장, 식초 5큰술, 설탕 4큰술, 녹말물 2큰술, 소금 1/2작은술, 피클링스파이스 1큰술, 끓인 물 1.5컵

오리엔탈드레싱

드레싱 칼로리가 신경 쓰인다면 어느 샐러드에나 잘 어울리고 담백한 오리엔탈드레싱이 좋아요.

재료 간장 2큰술, 식초 2큰술, 올리브유 2큰술, 설탕 1큰술, 레몬즙 1/2큰술, 통깨 1/2큰술

사우전아일랜드드레싱

샐러드드레싱, 샌드위치 스프레드로도 좋은 드레싱이에요.

재료 마요네즈 4큰술, 케첩 2큰술, 다진 양파 1큰술, 다진 피클 1큰술, 레몬즙 1큰술, 소금 약간, 흰후추 약간

데리야끼소스

달콤하고 짭짤해 어느 요리에나 잘 어울리는 소스예요. 퓨전요리에 흔히 사용하는데 넉넉히 만들었다 필요할 때 사용하면 편리해요.

재료 간장 3큰술, 우스터소스 2큰술, 설탕 2큰술, 물엿 1큰술, 청주 1큰술, 다진 마늘 1큰술, 생강가루 1작은술, 대파 1/3대, 양파 1/4개, 물 2/3컵

타르타르소스

튀김요리에 잘 어울리는 소스로 삶은 달걀을 섞어 만들어도 좋아요.

재료 마요네즈 4큰술, 머스터드 1큰술, 다진 피클 1큰술, 다진 양파 1큰술, 레몬즙 1/2큰술, 소금 약간, 흰후추 약간

발사믹소스

발사믹식초의 새콤함에 달콤함과 부드러움을 더해 샐러드드레싱은 물론 고기요리나 빵을 찍어 먹을 때도 이용해요.

재료 발사믹식초 2큰술, 올리브유 3큰술, 레몬즙 1큰술, 꿀 1큰술, 소금 1/2작은술

겨자소스

톡 쏘는 매콤한 겨자 맛이 매력으로 특히 한식 냉채요리에 쓰이는 소스예요.

재료 연겨자 1큰술, 간장 1큰술, 식초 2큰술, 설탕 1큰술, 다진 마늘 1큰술, 맛술 2큰술

땅콩소스

샤브샤브나 월남쌈, 닭요리, 무쌈말이 등에 곁들이는 소스로, 고소한 맛이 일품이며 요리의 맛이 배가 되는 기특한 소스랍니다.

재료 땅콩버터 2큰술, 머스터드 2큰술, 마요네즈 1큰술, 간장 1큰술, 꿀 2큰술, 레몬즙 2큰술

베사멜소스

스파게티, 그라탕 등 이탈리아 요리에 쓰이는 화이트소스로 다른 여러 소스의 베이스로 이용하며 밀가루 양으로 농도를 조절해요.

재료 우유 1컵, 밀가루 1큰술, 버터 1큰술, 소금 1/3작은술, 후추 약간

멸치육수

국수는 물론 국, 찌개, 찜, 죽 등 여러 요리의 국물로 가장 많이 이용되는 기본적인 육수예요.

만들기 멸치 1줌, 다시마 1장, 물 5컵을 붓고 끓이다가 끓어오르면 다시마는 건지고 7~8분간 더 우려 건더기는 건지고 육수를 받아내요.

쇠고기육수

쇠고기에서 우러난 국물이 진하고 구수해서 국수, 전골, 국, 나물 등에 두루 이용되는 육수 중 하나예요

만들기 쇠고기는 양지나 사태 300g을 준비해 찬물에서 핏물을 빼요. 쇠고기에 대파, 통마늘, 통후추를 조금씩 넣고 물 3ℓ를 붓고 센불에서 끓이다가 끓으면 불을 줄여 은근히 진한 고기국물이 우러나게 끓여요.

닭육수

담백하고 고소한 향과 맛으로 중국요리, 면요리, 수프, 이유식 등에 이용해요.

만들기 닭고기는 내장을 제거하고 기름이 많은 부위를 제거해 뼈가 붙은 채로 잠길 만큼의 물을 붓고, 대파, 통마늘, 통후추를 조금씩 넣어 뽀얀 국물이 진하게 우러나도록 끓인 후 체에 걸러 국물만 따로 보관해요.

조개육수

바지락이나 모시조개를 우려서 국물 맛이 시원해요. 칼국수, 해물요리, 전골, 찌개에 이용하면 좋아요.

만들기 조개는 하룻밤 정도 충분히 소금물에 해감한 후 깨끗이 씻어 청주를 약간 넣고 4~5배 정도의 물을 붓고 조개가 입을 벌릴 때까지 끓여

요. 면보에 받쳐서 찌꺼기를 걸러 깨끗한 육수를 받아내요.

새우육수

국물을 낼 때 진한 맛을 더해주어 담백한 면요리의 국물을 낼 때 좋아요. 해물이나 생선이 들어가는 찌개나 전골의 국물 맛을 좋게 해요.

만들기 건새우 1컵과 다시마(사방 10cm) 1장, 대파, 통마늘을 넣고 끓이다가 팔팔 끓기 시작하면 다시마는 건지고 15분간 더 끓여 건더기는 체로 건지고 육수만 받아내요.

다시마물

깔끔하고 개운한 국물 맛을 낼 때 이용해요. 메밀장국, 샤브샤브, 조림, 볶음 등에 폭넓게 사용해요.

만들기 마른수건으로 다시마(사방 10cm) 1장의 겉표면의 흰가루를 닦아 찬물 5컵을 붓고 10분간 우린 후 끓여요. 끓기 시작하면 불을 끄고 다시마를 건지고 국물에 청주를 조금 넣어요.

가다랭이육수

일본 국물요리에 많이 쓰이며 깔끔하고 깊은 맛이 나요. 우동국물, 메밀장국, 어묵탕 등에 두루 쓰여요.

만들기 물 8컵에 다시마 1장(사방 10cm)을 넣어 끓이다가 끓기 시작하면 다시마는 건지고 불을 끈 후 가다랭이포를 넣고 10분간 우려요. 노르스름한 국물이 우러나면 체로 가다랭이포를 건져서 육수를 받아내요.

똑소리 나는 알뜰 주부가 되는 장보기 노하우

매일 먹는 음식이지만 만들 때마다 재료를 살 수는 없죠. 특히 바쁜 직장맘이라면
장 보는 일은 더욱 만만치 않습니다. 그래서 전략적인 장보기가 필요해요.
미리 메뉴를 짜서 한 번에 여유롭게 장보기를 해보세요.
현명한 장보기는 재료를 알뜰하게 이용할 수 있게 하고, 맛있는 요리를 만들 수 있게 해줍니다.

일주일치 메뉴를 구상하고 재료 메모하기

현명한 주부라면 계획 없이 바로 장을 보는 일은 금물입니다. 일주일 또는 2~3일 등 일정 기간
단위로 무슨 음식을 해먹으면 좋을까 계획하고 이에 따라 재료를 메모해요. 이때 재철 재료, 가
족 행사, 가족들의 입맛과 건강 등을 두루 고려해 메뉴를 구상해보세요.
가령 가족 생일이 있으면 미역국 등 생일상에 필요한 재료를 적고, 가족 중 감기 환자가 있다면
콩나물국이나 생강차, 신선한 과일 등이 필요하겠죠. 또 봄나물이 한창일 때는 춘곤증을 이기
기 위해 냉이, 달래와 같은 제철 봄나물을 준비해요.

재래시장이나 대형마트 또는 인터넷쇼핑몰로 장보기

제철 재료를 가장 손쉽게 구할 수 있고, 싱싱한 재료를 저렴하게 구입할 수 있는 곳은 재래시
장, 대형마트, 인터넷쇼핑몰 등이에요. 이곳들의 공통점은 제철 상품에 민감해서 새 상품이 가
장 먼저 출하되는 곳이라는 거예요. 가격과 품질이 노출되어 있어 믿고 살 수 있어요. 재래시장
이나 대형마트는 저녁 늦은 시간에 가면 반값으로 구입할 수 있어서 알뜰하게 장을 볼 수 있고,
인터넷쇼핑몰은 장 보러 나가는 시간을 절약할 수 있으니 적절하게 이용해서 장보기를 할 필요
가 있어요.

싱싱한 제철 식품으로 확실하게 절약하기

채소나 과일은 제철이 되면 맛과 싱싱함이 좋고 수확량이 많아져 가격까지 저렴해요. 여름철에
는 애호박이나 가지 등의 수확량이 풍성해 가격이 저렴하지만 겨울철이 되면 두 배, 세 배로 가
격이 껑충 뛰어요. 싱싱한 제철 채소는 냉장고에 며칠을 두어도 신선함이 오래가서 요리에 이

용하기 좋아요. 반면 제철 식품이 아닌 경우 수요가 줄어 진열대에서 며칠간 묵으면 쉽게 무르고 제맛을 내기가 어려워요. 따라서 제철 식품을 골라서 요리하면 좀 더 싱싱하고, 맛과 영양가는 높고, 가격은 저렴하게 밥상을 차릴 수 있어요. 싱싱하고 질 좋은 제철 상품을 구입하는 것은 가계 절약의 필수예요.

필요한 양만 그때그때 구입하기 

최근에는 아파트나 동사무소, 동네 어귀마다 알뜰장터가 서는 곳이 많아졌어요. 일주일 또는 2~3일 단위로 일정하게 장이 서며, 농장이나 도매시장에서 중간 상인을 거치지 않고 바로 가져와 신선한 채소, 과일, 생선 등을 소량으로 값싸게 구입할 수 있어요.

재료는 필요한 양만큼 소량 구입하여 신선한 상태에서 남김없이 먹어야 가장 맛있게 먹으면서 절약도 할 수 있어요. 무턱대고 싸다고 해서 많이 사서 재워두는 일은 결코 현명한 소비가 아니랍니다.

냉장고 속 재료는 어떤 것이 있는지 확인하고 장보기 

남김없이 먹는다면 문제없겠지만, 음식을 하다 보면 아무래도 조금씩 재료가 남는 일이 비일비재해요. 장 보기 전에 냉장고 속에 어떤 재료가 얼마큼 남았는지 꼭 확인하세요.

기본양념이 떨어지는 일이 없도록 하기 

요리를 하다가 기본양념(간장, 된장, 고추장 등), 기본 재료(식용유, 참기름, 밀가루 등), 향신채(파, 마늘, 양파 등) 등이 떨어지면 난감해요. 요리하다가 말고 가까운 슈퍼라도 가게 되면 요리의 맥이 끊기고 음식의 맛도 떨어지게 되죠. 이런 일이 생기지 않게 장 보기 전에 꼭 기본양념류를 챙기는 센스를 잊지마세요.

똑소리 나는 알뜰 주부를 위한 식재료 손질과 보관

재료를 사다 꼼꼼하게 손질해서 보관하면 버리는 재료 없이 알뜰하게 요리할 수 있어요.
식재료의 성질을 알고 제대로 손질해서 냉장이나 냉동 보관한다면
요리가 빨라지고, 맛있어지는 지름길이 된답니다.

채소

시금치와 같은 잎사귀 채소는 잎이 금방 물러서 냉장고에 하루 이틀만 넣어두어도 무르게 된답니다. 잎사귀 채소는 사온 즉시 다듬어 끓는 물에 소금을 조금 넣고, 살짝 데쳐 물기를 꼭 짜서 비닐랩에 감싸 냉장하거나 오래 두고 먹을 거면 냉동하세요.

대파는 신문지에 싸거나 밀폐용기에 넣어서 냉장하세요. 또는 굵게 송송 썰거나, 어슷썰어서 냉동 보관했다가 필요할 때마다 꺼내 사용해요.

통마늘이나 양파는 망에 넣어 바람이 잘 통하는 곳에 걸어 두고, 다진 마늘은 먹을 만큼씩 지퍼백에 넣어 냉동해두었다가 필요할 때 꺼내 쓰세요.

감자는 알맞게 썰어 찬물에 담가 전분기를 제거하면 깔끔한 요리를 만들 수 있어요. 감자나 고구마 등은 상자에 넣어 시원한 곳에 두되, 고구마는 한기에 약하므로 너무 차게 두지 마세요. 당근, 무 등 흙이 묻은 채소는 씻지말고 신문지에 싸서 냉장 보관해요.

육류

쇠고기나 돼지고기는 구입해서 바로 먹지 않는다고 무조건 통째로 냉동시키지 마세요. 한 번 먹을 만큼씩 국거리, 불고기, 다진 고기 등 용도에 맞게 썰어 냉동하면 먹을 때 편리해요. 양념에 재운 고기도 냉동했다가 여러 가지 용도로 사용할 수 있어요.

쇠고기, 돼지고기는 키친타올이나 마른행주를 이용해 핏물을 제거하고 요리해야 누린내, 잡내가 나지 않아요. 하지만 국이나 탕 등을 끓이기 위해 고기 양이 많을 땐 찬물에 한두 시간 담가 두어야 핏물이 제대로 빠져요.

닭고기는 목 부위의 기름기를 떼어내고 꽁지를 뗀 후, 관절 부위에 칼집을 내어 한입 크기로 먹기 좋게 잘라 냉동시키면 요리하기 간편해요.

고기를 얇게 썰 때는 고깃결과 반대로 썰어야 고기가 연하고 조리하기 쉬워요. 채썰기는 고깃결과 나란히 썰어야 부서지거나 오그라들지 않고 쫄깃해요. 또 고기가 녹아서 물렁거릴 때보다 살짝 언 상태에서 썰어야 잘 썰려요. 국, 찌개용으로 썰 때는 고깃결의 반대로 썰고, 장조림을 할 때는 고깃결과 반대로 썰어 요리하고 먹을 때는 결대로 찢어요. 스테이크는 도톰하게 고깃결과 반대로 썰어 칼등이나 고기망치로 두드려 연하게 하고, 안심의 경우엔 고기의 모양을 잡아 구워요.

어패류

생선은 머리와 내장, 지느러미, 비늘을 제거하고 소금물에 씻어서 물기를 완전히 제거한 후 구이용은 길게, 조림용은 어슷썰어 냉장하거나 비닐팩에 넣어 냉동 보관해요.

새우는 두 번째 마디에 이쑤시개를 넣어 내장을 잡아당겨 제거하고, 등껍질을 살살 돌려가며 벗겨서 요리하며, 오래 두고 먹을거면 껍질째 냉동 보관해요.

꽃게는 등껍데기를 벗기고 집게발을 자른 후 먹기 좋게 2등분이나 4등분해서 냉장하거나 냉동하세요. 등껍데기 속의 내장은 고소한 감칠맛이 나니 버리지 말고 긁어내어 요리하거나 등껍데기째 요리해요.

오징어는 껍질을 벗기고 조림이나 볶음을 할 때는 몸통 안쪽으로 칼집모양을 내어 요리하면 모양도 예쁘고 간도 잘 배인답니다. 또한 몸통을 가르지 않고 요리를 해도 맛깔스러워 보여요.

조개는 옅은 소금물에 하룻밤 정도 담가 해감시켜 모래를 제거한 후 요리해요. 오래 두고 먹을 거면 해감한 후 물기를 제거하고 냉동시켜요.

과일은 물기가 닿지 않도록 해서 냉장실 과일칸에 보관해 수분이 빼앗기지 않도록 하거나 서늘한 곳에 보관해요.

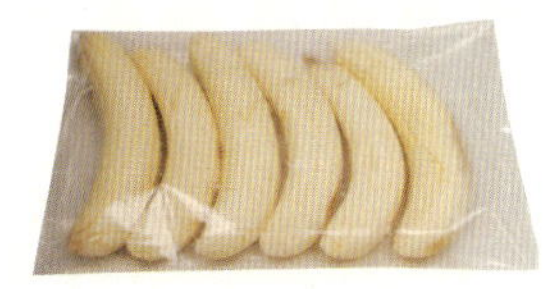

바나나는 냉장 보관하면 색이 변하므로 실온에서 보관하고, 날짜가 경과해 검은 반점이 생기기 시작하면 가장 맛이 좋을 때예요. 시든 바나나는 껍질을 벗겨 지퍼백에 넣고 냉동 보관해요.

키위, 바나나, 토마토, 파인애플, 감과 같은 과일은 후숙과일입니다. 과일을 딴 다음 실온에서 익혔다 먹는 과일이죠. 따라서 통풍이 잘되는 곳을 택해서 실온에 두면 하루가 다르게 맛이 든답니다. 시간이 지나 알맞게 제맛이 들었을 때 먹으면 가장 최고의 맛을 볼 수 있어요.

달걀은 반드시 세워 냉장고에서 보관해요. 달걀을 삶을 땐 깨지지 않도록 소금을 조금 넣고, 껍질이 잘 벗겨지도록 식초도 조금 넣어 삶아요.

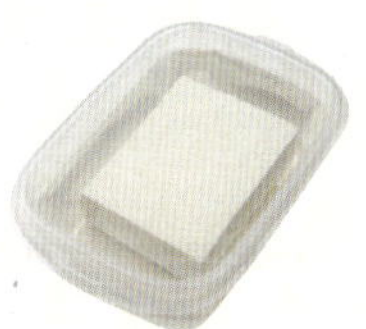

두부는 매일 물을 갈아주며 냉장 보관하면 4~5일간은 끄떡없어요. 부서지거나 갈라지면 쉽게 상할수 있으니 이때는 빨리 먹어야 해요.

요안나의
맛있는 요리를 만드는 비결

 미리 식단을 짜두면 편리해요.

식단대로 장보고, 요리하면 같은 재료를 두 번 사는 일이 없고, 갖가지 음식을 고루 섭취할 수 있어요.

재료 손질은 바로바로 해요.

재료는 묵혀 두지 말고 사온 즉시 기본 손질을 해서 보관해요. 예를 들면 대파는 손질한 후 용도에 따라 다양한 형태로 썰어서 바로 먹을 것은 냉장, 오래 보관할 것은 냉동 보관하세요. 이렇게 하면 요리에 바로 이용할 수 있어 조리시간이 단축돼요.

전자레인지, 믹서, 커터기 등 주방용품을 현명하게 사용해요.

시금치 몇 뿌리를 데치거나 감자 한두 개를 찔 때 또는 적은 분량의 이유식 등을 만들 때 전자레인지로 요리하면 편리하고 조리시간도 줄어들어요. 또한 적은 양의 주스를 만들거나 고추, 양파, 마늘 등을 갈 때 강판, 절구, 칼을 이용하는 것보다 손쉽게 믹서기나 커터기를 사용하면 시간과 노력을 줄일 수 있어요. 간편한 주방용품들은 눈에 잘 띄는 곳에 꺼내두고 자주 활용하세요.

 냉동 재료는 미리 해동해요.

냉동 재료를 갑자기 쓰려면 해동하느라 애를 먹게 돼요. 급속 해동하면 맛도 없고요. 냉동 고기나 냉동 생선은 한나절이나 하룻밤 전에 냉장실로 옮겨 자연 해동해요. 급하게 해동할 때는 전자레인지 해동 코스를 이용해요.

 설탕과 소금의 사용량을 줄여요.

음식의 간을 처음부터 맞추지 말고, 마무리 과정에서 맞춰야 나트륨 섭취를 줄일 수 있어요. 되도록 설탕을 자제하고, 꿀, 매실청, 올리고당을 이용하거나 양파, 사과 등으로 단맛을 내보세요.

자투리 채소를 충분히 활용해요.

요리를 하다 보면 냉장고 채소칸에 늘 자투리 채소가 생겨요. 남은 채소들은 모두 잘게 썰어서 비닐봉지에 담아 냉장 또는 냉동 보관해요. 반찬거리가 마땅치 않을 때 볶음밥, 된장찌개, 볶음 반찬, 죽, 이유식 등으로 활용하면 매번 여러 종류의 채소를 장만해야 하는 번거로움도 줄어들고 버리는 재료 없이 알뜰하게 사용할 수 있어요.

 **양념장과 드레싱은 미리 만들어요.**

양념장이나 드레싱은 시간이 날 때 미리 만들어 냉장고에 차게 보관해요. 손님상을 차릴 때나 명절, 바쁜 날을 위해서 꼭 필요하답니다.

 **제철 재료는 꼭 챙기세요.**

제철 채소는 자연의 생식력과 순환력, 면역력을 품고 있어 보약과 다름없어요. 제철 재료가 무엇인지 미리 꼼꼼히 체크해두었다가 놓치지 말고 챙기세요.

 **같은 재료를 여러 방법으로 요리해요.**

국물요리, 볶음요리, 찜요리, 무침요리 등 조리법이 같지 않도록 요리하면 같은 재료라도 느낌이 전혀 다르게 먹을 수 있지요.

기본양념을 챙기세요.

요리의 주재료를 준비하다 보면 기본이 되는 양념들을 놓치기 십상이죠. 장을 보러 가기 전에 기본양념들이 제대로 갖추어져 있는지 꼭 확인하세요.

 **요리는 예술입니다.**

똑같은 음식도 담아내는 모양과 방법을 달리하면 일상요리도 일품요리로 거듭난답니다.

 **테이블 세팅에도 신경 쓰세요.**

요리에 신경 쓰다 보면 테이블 세팅에 소홀하기 십상이에요. 개인 접시나 테이블매트, 센터피스 등에도 신경 써보세요. 특별한 기념일이나 분위기 있는 식사 자리라면 초를 놓아도 좋아요.

 **요리할 때 후식도 생각하세요.**

식사한 후 소화에 도움을 주는 과일, 음료, 간단한 쿠키, 떡 등을 준비하는 센스를 발휘해보세요.

 **편안한 마음으로 요리해요.**

요리는 손끝에서 맛이 나온다는 말이 있듯이 요리하는 이의 마음이 편하고 스트레스가 없어야 더 맛있는 요리가 나온답니다.

PART 01

입맛 없는 날을 위한

한그릇 별미

채소죽

갖가지 채소를 가득 넣어 끓인 죽으로, 식물성 섬유질이 풍부하고 소화가 잘되며 누구나 부담 없이 먹기 좋아 속이 편한 죽이랍니다.

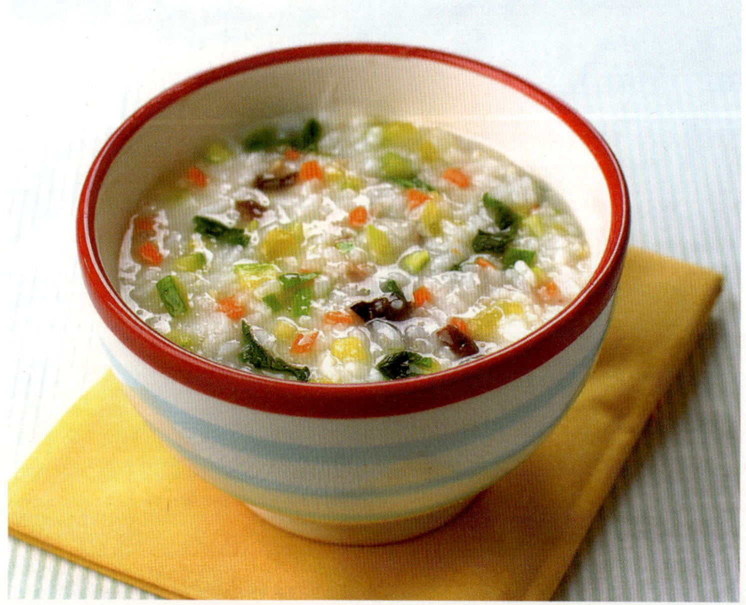

Ready 4인분

- □ 불린 쌀 … 2컵(생쌀 1.5컵)
- □ 양파 … 1/2개
- □ 당근 … 1/3개
- □ 표고버섯 … 3개
- □ 애호박 … 1/3개
- □ 시금치 … 1줌
- □ 멸치육수 … 8컵
- □ 소금 … 약간
- □ 쌀 볶을 때
  참기름 1큰술, 다진 마늘 1/2큰술

기호에 따라 감자나 느타리버섯, 양송이버섯 등을 함께 넣어도 좋아요.

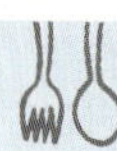

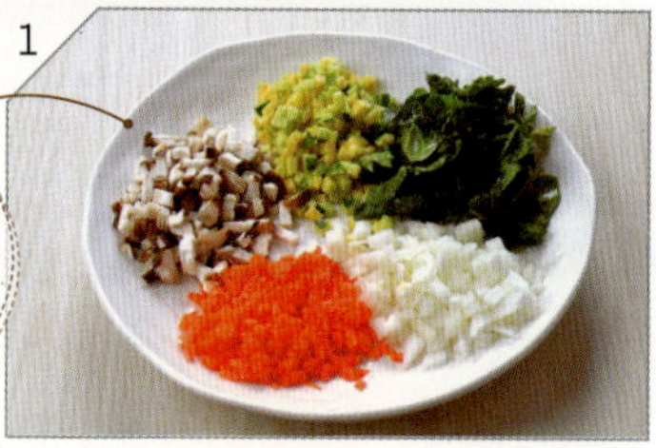

1 양파, 당근, 표고버섯, 애호박, 시금치는 잘게 다져요. 쌀은 1시간 정도 불려요.

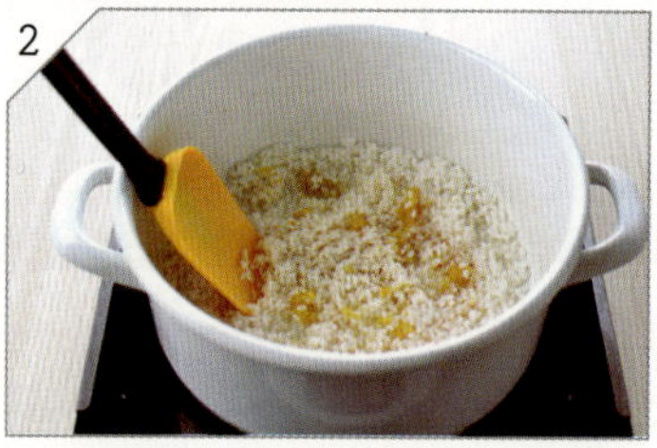

2 냄비에 참기름을 두르고 불린 쌀을 넣고 볶다가 다진 마늘을 넣고 볶아요.

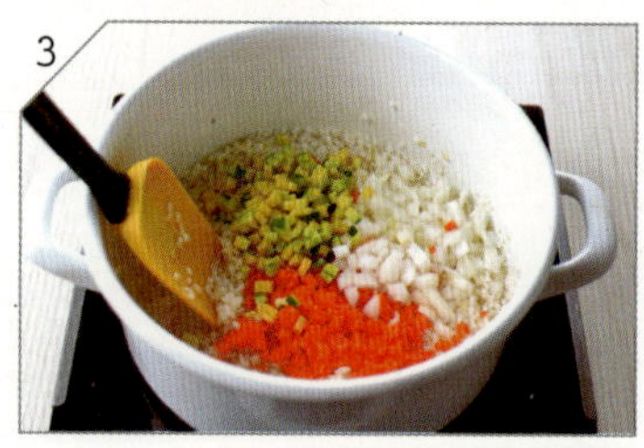

3 양파, 당근, 애호박을 넣고 양파가 투명해질 때까지 볶아요.

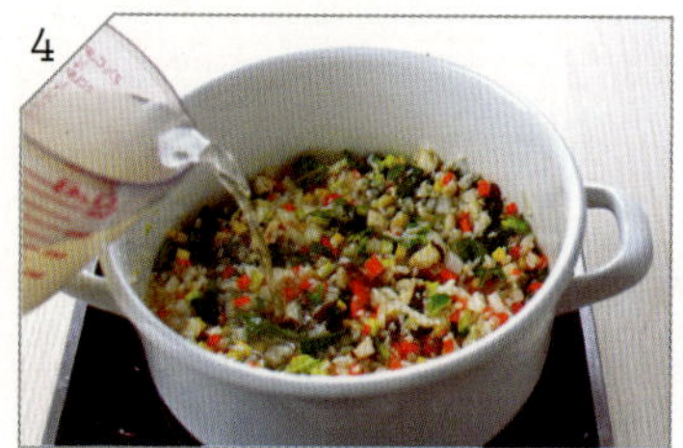

4 시금치, 표고버섯을 넣고 멸치육수를 붓고 뚜껑을 덮고 끓이다가 중약불로 줄여 쌀이 부드럽게 퍼지도록 20분간 은근히 끓여 소금으로 싱겁게 간해요.

Cooking Tip

멸치육수 만들기

내장을 뺀 멸치 1줌(30g)에 찬물 5컵을 붓고 다시마(사방 10cm 크기) 1장을 넣어 끓여요. 물이 끓기 시작하면 다시마는 건져내고 중불로 줄여 7~8분간 더 끓인 후 체에 밭쳐 육수를 받아내요.

참치죽

통조림 하나로 뚝딱 끓일 수 있는 간편하고 맛도 있는 죽이에요. 두뇌 작용을 활발하게 하는 DHA 가득한 참치의 영양을 섭취할 수 있어서 아이를 위한 메뉴로 강력 추천해요.

1

통조림 참치는 체에 밭쳐 기름기를 빼요. 쌀은 1시간 정도 불려요.

2

냄비에 참기름을 두르고 다진 마늘, 다진 양파를 넣고 볶다가 불린 쌀을 넣어 달달 볶아요.

3

다진 당근을 넣고 볶다가 멸치육수를 붓고 끓여요. 끓기 시작하면 중약불로 줄여 20분간 쌀이 푹 퍼지도록 끓여요.

4

쌀이 푹 퍼지면 다진 부추와 참치, 청주를 넣고 한소끔 더 끓여 소금으로 싱겁게 간해요.

Ready 4인분

- ☐ 생쌀 … 1컵
- ☐ 통조림 참치 … 1캔(150g)
- ☐ 다진 양파 … 5큰술
- ☐ 다진 당근 … 4큰술
- ☐ 다진 부추 … 5큰술
- ☐ 청주 … 1.5큰술
- ☐ 멸치육수 … 8컵
- ☐ 참기름 … 2큰술
- ☐ 다진 마늘 … 1큰술
- ☐ 통깨 · 검은깨 · 소금 … 약간씩

흑임자죽

흑임자는 우유보다 칼슘이 무려 11배나 많다고 해요. 또 영양소가 풍부해 환자나 노약자의 건강식으로 그만이랍니다. 고소한 맛과 건강을 위해 집에서도 단골로 삼는 메뉴예요.

Ready　4인분

- □ 불린 쌀 … 1컵
- □ 흑임자 … 1/2컵
- □ 물 … 6컵
- □ 잣 … 약간
- □ 소금 … 약간

1 믹서기에 불린 쌀과 물 2컵을 넣고 3/4 정도만 갈아요.

2 볶은 흑임자를 준비해 믹서기에 곱게 갈아요.

3 냄비에 쌀을 넣고 물 4컵을 붓고 저어가며 끓이다가 중약불로 줄여 15분간 죽이 퍼지도록 은근히 끓여요.

4 죽이 부드럽게 퍼지면 갈아둔 흑임자를 넣고 잘 뒤섞어 한소끔 더 끓여 소금으로 간해요.

단팥죽

달콤하고 따끈따끈한 단팥죽은 겨울철 별미지만 계절과 관계없이 부드럽고 달콤한 단팥죽을 즐겨보세요.

1

팥은 냄비에 물을 넉넉하게 붓고 우르르 끓어오를 때까지 끓인 후 물을 따라 버리고, 물 8컵을 붓고 40분간 팥이 무를 때까지 푹 삶아요.

2

충분히 무른 팥은 체로 건져 주걱이나 숟가락으로 으깨요.

3

곱게 거른 팥물을 냄비에 넣고 찹쌀가루를 풀어 팔팔 끓여요.

4

팥물이 끓으면 새알심을 넣고 새알심이 투명해질 때까지 끓여 소금, 설탕으로 간해요. 완성된 단팥죽 위에 고명을 얹어내요.

Ready

4인분

- □ 팥 … 1컵
- □ 찹쌀가루 … 5큰술
- □ 물 … 8컵
- □ 설탕 … 1/2컵
- □ 소금 … 1큰술
- □ **고명**
  찐 밤 10개, 은행 15개, 잣 1큰술
- □ **새알심**
  찹쌀가루 1컵, 물 1/3컵, 설탕 1/2큰술

Cooking Tip

새알심 만들기

찹쌀가루, 물, 설탕을 섞어 고루 반죽해서 동글동글하게 빚어요.

호박죽

늙은 호박이라고도 불리는 커다란 청둥 호박으로 추운 겨울날 푸근하고 따끈한 호박죽 잔치를 한답니다. 달콤하고 구수한 호박죽 한 대접이면 온몸이 사르르 녹는 듯해요.

Ready 4인분

- □ 청둥호박 … 1/2통(1Kg)
- □ 물 … 3컵
- □ 소금 … 1작은술
- □ 설탕 … 2큰술
- □ 호박씨 … 약간
- □ **찹쌀물**
  찹쌀가루 4큰술, 물 1/2컵

1

청둥호박은 골이 패인 곳에 칼을 넣고 잘라 씨앗을 제거하고 겉껍질을 벗겨요.

2

껍질을 벗긴 호박은 얄팍하게 썰어 물 3컵을 붓고 중불에서 20분 이상 푹 끓여요.

3

호박이 푹 무르면 주걱으로 으깨거나 믹서기에 곱게 갈아요.

4

냄비에 호박을 넣고 약불에서 **찹쌀물**을 조금씩 부어가며 저어서 끓여 설탕, 소금으로 간해요. 고명으로 호박씨를 올려요.

단호박영양밥

부드럽고 달콤한 단호박과 갖가지 잡곡, 대추, 잣의 건강한 조합! 다른 반찬 없이도 든든한 한 끼 식사로 충분한 건강식이에요.

1
밥솥에 불린 쌀과 모둠 콩, 채썬 대추, 잣을 넣고 밥물을 붓고 간간하게 소금 간을 해 밥을 지어요.

2
단호박은 껍질까지 깨끗이 씻은 후 윗부분을 잘라내고 숟가락으로 속을 깔끔하게 파내요.

□ 불린 쌀 … 2컵
□ 단호박 … 1개
□ 모둠 콩 … 1컵
□ 대추 … 5개
□ 잣 … 1큰술
□ 소금 … 1/2작은술
□ 물 … 적당량

3
영양밥을 잘 섞어 단호박에 꼼꼼히 담고 뚜껑을 덮어요.

4
김이 오른 찜통에 영양밥이 담긴 단호박을 넣고 단호박이 푹 무르도록 10분간 쪄서 먹기 좋게 썰어요.

콩나물밥

소화 잘되고 비타민 C가 풍부한 콩나물로 밥을 지어 매콤한 양념장에 쓱쓱 비벼 먹으니 별미가 따로 없어요. 쇠고기를 넣어 맛과 영양을 더해 보세요.

Ready · 4인분

- □ 불린 쌀 … 3컵
- □ 콩나물 … 300g
- □ 다진 쇠고기 … 150g
- □ **쇠고기 양념**
  간장 1큰술, 맛술 1큰술, 참기름 1작은술, 후추 약간
- □ **다시마물**
  다시마 1장(사방 10cm), 물 적당량
- □ **양념장**
  간장 5큰술, 국간장 1큰술, 고춧가루 1큰술, 다진 파 1큰술, 다진 청양고추 2큰술, 다진 마늘 1큰술, 설탕 1/2큰술, 참기름 1큰술, 통깨 1큰술

1 다진 쇠고기는 키친타월로 눌러 핏물을 제거하고, 분량의 **쇠고기 양념** 재료로 밑간해 30분간 재워요.

2 콩나물은 깨끗이 씻어서 물기를 빼요.

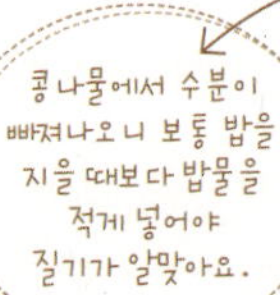

3 밥솥에 불린 쌀, 콩나물을 넣은 후 쇠고기를 고루 얹어 다시마를 30분간 우린 **다시마물**을 붓고 밥을 지어요.

4 분량의 **양념장** 재료를 섞어 콩나물밥과 곁들여요.

홍합밥

육질이 탱탱하고 씹을수록 고소한 맛이 나는 홍합으로 밥을 지었어요. 뽀얗게 우러난 홍합육수는 천연 조미료 그 자체라 홍합육수로 지은 홍합밥은 달큰한 감칠맛이 돌아요.

Ready 2인분

- □ 불린 쌀 … 2컵
- □ 홍합살 … 1kg
- □ 청주 … 1큰술
- □ 홍합육수 … 1컵
- □ 다시마물 … 1컵
- □ 양념장
  간장 3큰술, 고춧가루 1큰술, 매실청 2큰술, 다진 마늘 1/2큰술, 다진 파 1큰술, 다진 청양고추 1큰술, 다진 홍고추 1큰술, 참기름 1/2큰술, 통깨 1큰술

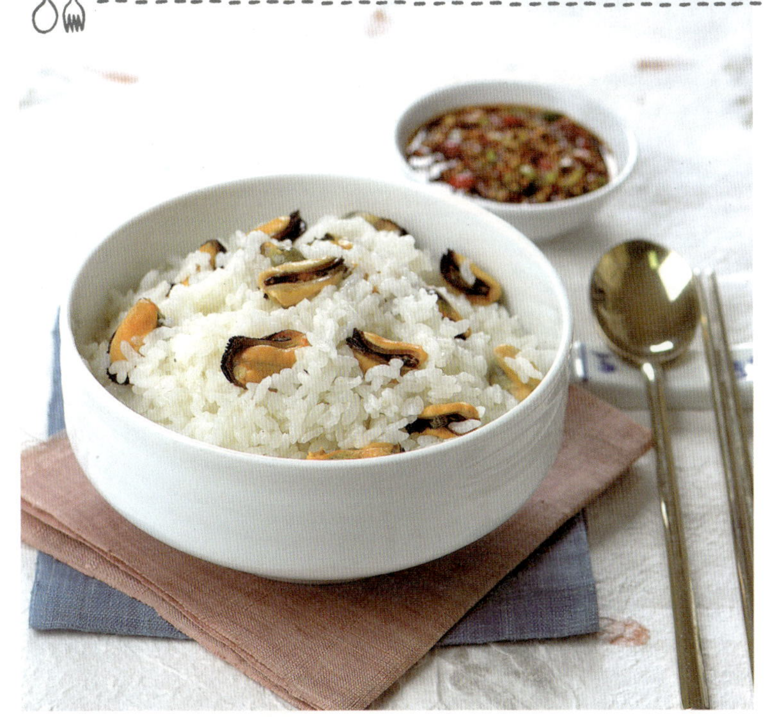

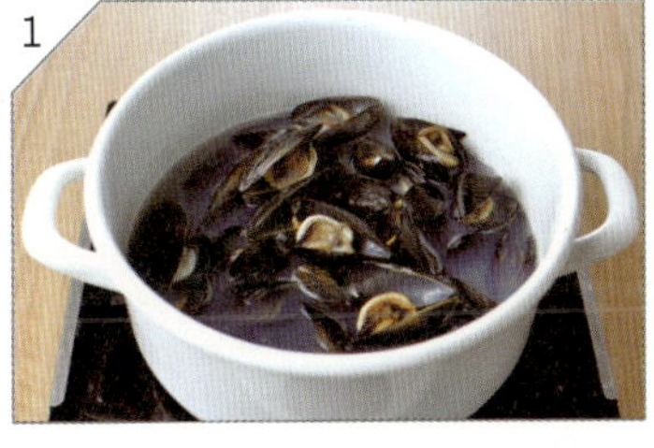

1

홍합은 지저분한 잔털을 떼어내고 깨끗이 씻어요. 냄비에 홍합이 잠길 정도의 물과 청주를 넣어 홍합이 벌어질 때까지 삶아 홍합살을 발라내고 육수를 걸러내요.

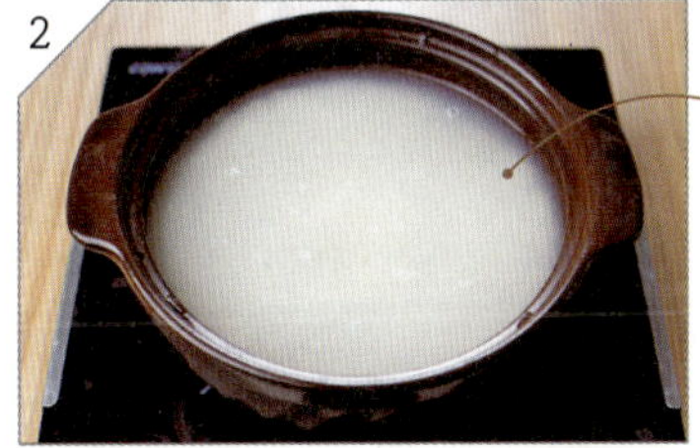

2

밥물의 양은 평소 밥 지을 때와 동일하게 맞춰요.

뚝배기에 불린 쌀을 넣고 걸러낸 홍합육수와 다시마물을 붓고 끓이다가 약불로 줄여 뜸을 들여요.

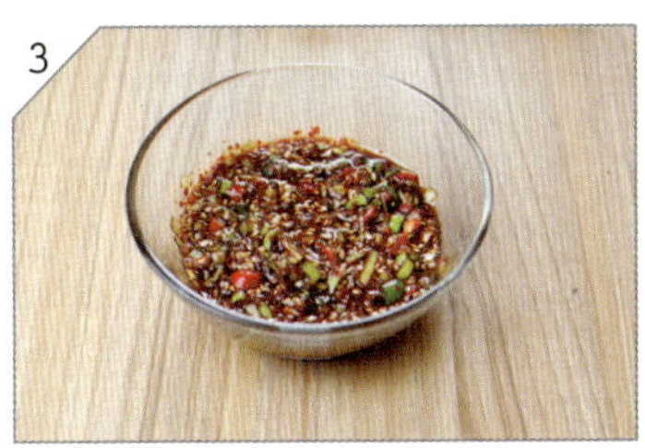

3

분량의 양념장 재료를 섞어요.

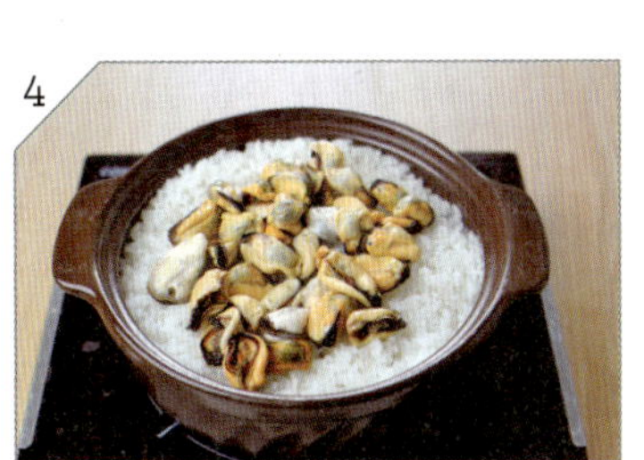

4

밥 뜸이 거의 들면 홍합살을 넣고 한소끔 더 끓여 양념장을 곁들여내요.

Cooking Tip

다시마물은 사방 10cm 크기의 다시마 1장을 물에 넣고 우려 만들어요.

회덮밥

싱싱한 생선회를 듬뿍 얹어 초고추장에
비벼 먹는 회덮밥은 흔히 일식집에서 즐
겨 먹지만, 사실 우리 음식이랍니다.

Ready — 2인분

- □ 밥 … 2공기
- □ 광어회 … 200g
- □ 오이 … 1/2개
- □ 당근 … 1/4개
- □ 적채 … 2잎
- □ 상추 … 4잎
- □ 깻잎 … 8장
- □ 구운 김 … 1장
- □ 풋고추 … 1개
- □ 통마늘 … 2쪽
- □ 무순 … 1/2줌
- □ 통깨 · 참기름 … 약간씩
- □ **비빔장**
  고추장 3큰술, 식초 2큰술, 설탕
  1큰술, 물엿 1/2큰술, 레몬즙 1큰
  술, 생강즙 1작은술, 참기름 1큰
  술, 통깨 1큰술

1

오이, 당근, 적채, 상추, 깻잎, 김은
채썰고, 풋고추는 송송 썰고, 통마늘
은 편으로 썰어요. 무순도 준비해요.

2

광어회는 도톰하게 포를 떠서 먹기
좋게 썰어요.

3

분량의 **비빔장** 재료를 섞어요.

4

넓적한 그릇에 따뜻한 밥을 담고 채
소와 광어회를 고루 얹어요. 비빔장
을 곁들여내요.

나물비빔밥

갖가지 나물과 고기를 한그릇에 담은 비
빔밥은 외국인들도 좋아하는 메뉴로 자
리 잡았어요. 집에선 명절 이후나 손님
상 차림 이후 나물이 넉넉할 때 만들어
먹기 딱 좋답니다.

1

삶은 고사리는 먹기 좋게 썰고, 마
른 표고버섯은 찬물에 불려 채썰고,
오이, 당근은 5cm 길이로 채썰어
요. 콩나물은 끓는 물에 살짝 데쳐
헹궈요.

2

쇠고기, 표고버섯, 고사리, 콩나물
은 각각의 분량의 양념으로 무치고,
오이는 소금을 살짝 뿌려둔 후 꼭
짜요.

3

달군 팬에 식용유를 두르고 오이,
당근, 표고버섯, 고사리, 쇠고기 순
으로 각각 볶아요.

4

우묵한 그릇에 따뜻한 밥을 담고 콩
나물, 오이, 당근, 표고버섯, 고사리
를 돌려 담고, 다진 쇠고기를 가운
데 얹고 달걀노른자와 잣을 올려요.

Ready `2인분`

- □ 밥 … 2공기
- □ 삶은 고사리 … 1/3줌(50g)
- □ 마른 표고버섯 … 2개
- □ 콩나물 … 1/2줌(50g)
- □ 오이 … 1/2개
- □ 당근 … 1/4개
- □ 다진 쇠고기 … 100g
- □ 달걀노른자 … 2개
- □ 식용유 · 소금 · 잣 … 약간씩

□ **쇠고기 양념**
간장 1큰술, 설탕 1/2큰술, 맛술
1/2큰술, 참기름 1작은술, 다진
마늘 1작은술, 통깨 · 후추 약간
씩

□ **표고버섯 · 고사리 양념(각각)**
국간장 1작은술, 맛술 1작은술,
다진 마늘 1작은술, 참기름 1/2
작은술

□ **콩나물 양념**
소금 1/2작은술, 다진 마늘 1작
은술, 참기름 1/2작은술

□ **비빔장**
고추장 3큰술, 꿀 1큰술, 다진 마
늘 1큰술, 생강즙 1/2작은술, 참
기름 2큰술, 깨소금 1큰술

돌솥비빔밥

뜨거운 돌솥에 갖가지 나물, 채소, 고기를 올려 고추장 양념에 쓱쓱 비벼 먹다 보면 바닥에 누른 누룽지가 고소한 마무리를 해줍니다. 뜨끈한 비빔밥이라 쌀쌀한 날씨에도 입맛 나는 메뉴랍니다.

Ready `2인분`

- □ 밥 … 2공기
- □ 다진 쇠고기 … 100g
- □ 무 … 100g
- □ 호박 … 1/2개
- □ 당근 … 1/2개
- □ 콩나물 … 100g
- □ 상추 … 6잎
- □ 달걀노른자 … 2개
- □ 식용유 · 소금 … 약간씩

□ 무생채 양념
고춧가루 1큰술, 다진 마늘 1작은술, 설탕 1/2작은술, 참기름 1/2작은술, 통깨 약간, 소금(절일 때) 1/2큰술

□ 콩나물 양념
소금 1/2작은술, 다진 마늘 1작은술, 참기름 1/2작은술, 통깨 약간

□ 쇠고기 양념
간장 1큰술, 설탕 1/2큰술, 맛술 1/2큰술, 참기름 1작은술, 다진 마늘 1작은술, 통깨 · 후추 약간씩

□ 볶음 고추장
고추장 3큰술, 꿀 1큰술, 다진 마늘 1큰술, 배즙 4큰술, 생강즙 1/2작은술, 참기름 2큰술, 통깨 1큰술

1 채썬 무는 소금에 살짝 절여 헹궈 물기를 짜고 분량의 무생채 양념으로 무쳐요. 콩나물은 끓는 물에 살짝 데쳐 헹궈 분량의 콩나물 양념으로 무쳐요.

2 쇠고기는 분량의 쇠고기 양념으로 무쳐 잠시 재워 달군 팬에 식용유를 두르고 볶아요. 호박, 당근은 채썰어 호박은 소금에 살짝 절여 물기를 짜서 볶고, 당근도 볶아요.

3 달군 팬에 식용유를 살짝 두르고 분량의 볶음 고추장 재료를 넣고 볶아요.

4 돌솥에 밥을 1인분씩 담고 쇠고기, 호박, 당근, 무생채, 콩나물, 채썬 상추를 돌려 담아 약한불에 올려 5분 정도 달궈요. 볶음 고추장과 달걀노른자를 얹어내요.

멍게비빔밥

향긋한 바다 내음을 가득 품은 멍게를 초고추장에 찍어 먹어도 맛있지만, 비빔밥을 만들면 별미 중에 별미랍니다. 입 안이 상큼하게 정화되는 듯한 멍게를 한 끼 식사로 즐겨보세요.

1 넝게는 위아래 부분을 잘라내고 껍질에 칼집을 내어 몸통을 분리해요.

2 분리한 멍게는 먹기 좋은 크기로 큼직큼직하게 썰어요.

3 돌나물, 달래, 세발나물은 깨끗이 씻어 먹기 좋게 썰어요.

4 분량의 비빔장 재료를 섞어요. 우묵한 그릇에 따뜻한 밥을 담고 나물, 멍게를 얹고 비빔장을 얹어내요.

Ready `2인분`

- ☐ 밥 … 2공기
- ☐ 멍게 … 4마리
- ☐ 돌나물 … 1줌
- ☐ 달래 … 12뿌리
- ☐ 세발나물 … 1줌
- ☐ 비빔장
  고추장 4큰술, 식초 2큰술, 설탕 1/2큰술, 물엿 1큰술, 오렌지주스 2큰술, 참기름 1큰술, 통깨 1큰술

캘리포니아롤

캘리포니아롤은 이름 그대로 미국 캘리
포니아에서 처음 만들어진 초밥으로, 이
지역에서 많이 생산되는 아보카도를 넣
는 것이 특징이에요. 여러 재료들이 어
우러져 다양한 맛을 내고 모양도 예쁜
초밥이랍니다.

Ready　　2인분

- □ 밥 … 1.5공기
- □ 김 … 2장
- □ 크래미 … 2줄
- □ 오이 … 1/2개
- □ 아보카도 … 1/2개
- □ 달걀 … 1개
- □ 날치알 … 4큰술
- □ 마요네즈 … 약간
- □ 식용유 · 소금 … 약간씩
- □ **크래미살 무침**
  마요네즈 1큰술, 레몬즙 1/2작은
  술, 설탕 1/2작은술
- □ **배합초**
  식초 2큰술, 설탕 1큰술, 소금
  1/2작은술

1

오이는 채썰어 소금에 살짝 절여 가
볍게 짜고, 크래미는 잘게 찢고, 아
보카도는 길고 납작하게 썰어요. 달
걀은 지단을 부쳐 길게 썰고, 날치
알도 준비해요.

2

크래미는 분량의 **크래미살 무침** 재
료로 가볍게 무쳐요. 밥은 분량의
배합초 재료로 양념해요.

3

김발 위에 비닐 랩을 깔고 밥을 고루
펼치고 김을 얹은 후 아보카도, 달
걀, 오이, 크래미를 가지런히 얹어
비닐랩을 벗겨 가면서 돌돌 말아요.

4

롤을 썰어 접시에 담고 마요네즈를
고루 뿌린 후 날치알이 흐트러지지
않도록 얹어내요.

달걀말이김밥

아이들이 좋아하는 달걀말이김밥은 노란 색감이 먹음직스럽고 부드러운 김밥이랍니다. 하지만 달걀을 김밥에 가지런히 말기가 참 어려워요. 풀어지지 않고 예쁘게 말 수 있는 달걀말이김밥이랍니다.

1 오이, 당근, 우엉조림, 햄, 단무지는 김의 길이에 맞춰 길게 썰어요.

2 따뜻한 밥에 분량의 **밥 양념** 재료를 넣고 고루 버무려요.

3 달걀은 잘 풀어서 체에 밭쳐 알끈을 거르고 식용유를 두른 팬에 얇게 펼쳐 지단을 부쳐요.

4 김발에 달걀지단을 얹고 김, 양념한 밥을 올리고 오이, 당근, 우엉조림, 햄, 단무지를 가지런히 얹어 꼼꼼히 말아 먹기 좋게 썰어요.

Ready `3인분`

- □ 밥 … 2.5공기
- □ 오이 … 1/2개
- □ 당근 … 1/2개
- □ 우엉조림 … 3줄
- □ 김밥용 햄 … 3줄
- □ 단무지 … 3줄
- □ 달걀지단 … 3줄 (달걀 1개분)
- □ 김 … 3장
- □ 식용유 … 적당량
- □ **밥 양념**
  참기름 1큰술, 통깨 1큰술, 소금 약간

Cooking Tip

우엉조림 만들기

껍질을 벗긴 우엉(2뿌리)은 길게 채 썰어 달군 팬에 식용유를 두르고 부드럽게 볶아요. 여기에 간장(7큰술), 설탕(3큰술), 맛술(4큰술), 후추(약간), 물(4큰술)로 조림장을 만들어 붓고 국물이 자작하게 졸아들 때까지 조려 참기름, 통깨를 뿌려요.

숯불갈비김밥

그냥 먹어도 맛있는 숯불갈비가 김밥 속으로 들어왔어요. 여러 가지 재료들과 어우러져 자꾸 손이 가는 김밥이에요. 간단하게 숯불갈비 맛을 내기 위해 돼지 불고기를 이용하세요.

Ready　2인분

- □ 밥 … 2공기
- □ 김 … 2장
- □ 돼지고기(불고기용) … 200g
- □ 달걀 … 1개
- □ 김밥용 단무지 … 2개
- □ 오이 … 1/2개
- □ 게맛살 … 2개
- □ 우엉조림 … 2개
- □ 당근 … 1/3개
- □ 깻잎 … 6장
- □ 식용유 … 약간

□ **밥 양념**
참기름 1큰술, 소금 1/2작은술

□ **고기 양념**
간장 2큰술, 설탕 1큰술, 다진 마늘 1/2큰술, 맛술 1큰술, 참기름 1/2큰술, 후추 약간

1

돼지고기는 얇게 썰어서 분량의 **고기 양념** 재료로 무쳐 30분간 재워요.

2

달걀 지단, 우엉조림, 단무지, 오이, 게맛살은 김의 길이에 맞춰 길게 썰고, 당근은 채썰고, 깻잎은 물기를 빼요.

3

달군 팬에 식용유를 약간 두르고 돼지고기를 국물 없이 바싹 구워요. 밥은 분량의 **밥 양념** 재료로 양념해요.

4

김발 위에 김을 깔고 밥, 깻잎을 얹은 후 돼지고기, 달걀, 우엉, 단무지, 오이, 게맛살, 당근을 가지런히 얹고 돌돌 말아 먹기 좋게 썰어요.

연어초밥

부드럽고 향긋한 훈제연어회 한 점에 고슬고슬한 초밥과 상큼한 소스를 끼얹어 연어초밥을 만들어보세요. 값비싼 초밥 전문점 외식이 부럽지 않답니다.

Ready 3인분

- □ 훈제연어회 … 300g
- □ 양파 … 1/2개
- □ 케이퍼 … 1큰술
- □ 무순 … 약간
- □ 레몬 … 1/4개
- □ 연와사비 … 약간
- □ 초밥
  밥 2공기, 식초 2큰술, 설탕 1큰술, 소금 1/2작은술
- □ 마요네즈소스
  마요네즈 3큰술, 레몬즙 1큰술, 양파즙 1큰술, 사과즙 2큰술, 소금 1/3큰술

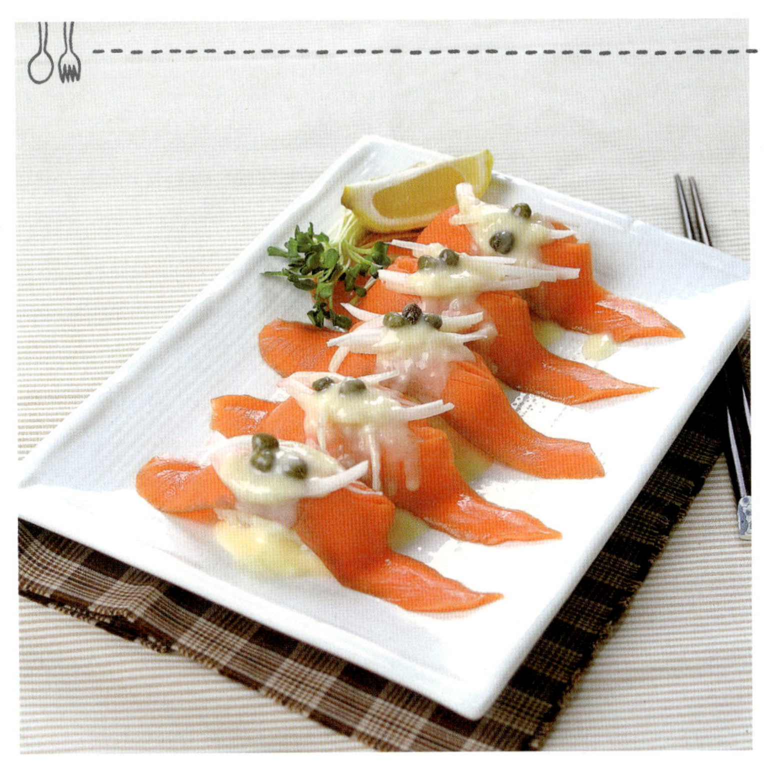

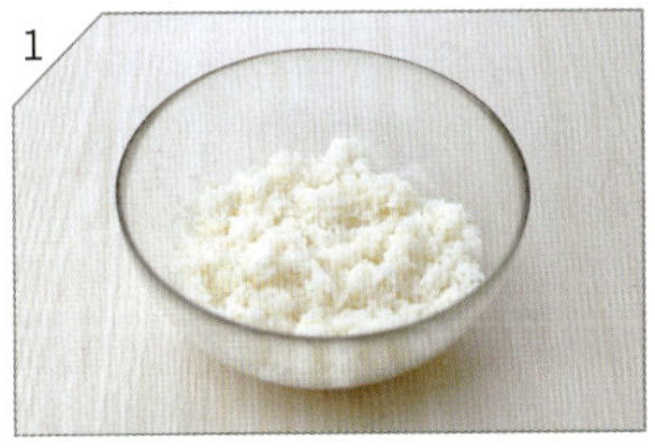

1

고슬고슬하게 지은 밥에 식초, 설탕, 소금으로 간을 해 살살 섞어 초밥을 만들어요.

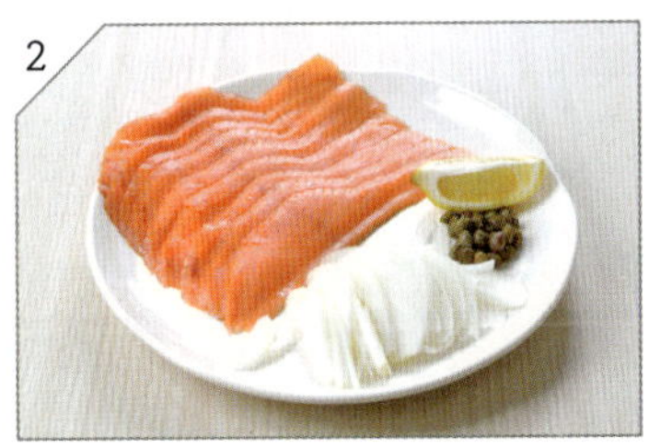

2

훈제연어회와 양파는 얇게 썰고 케이퍼, 무순, 레몬을 준비해요.

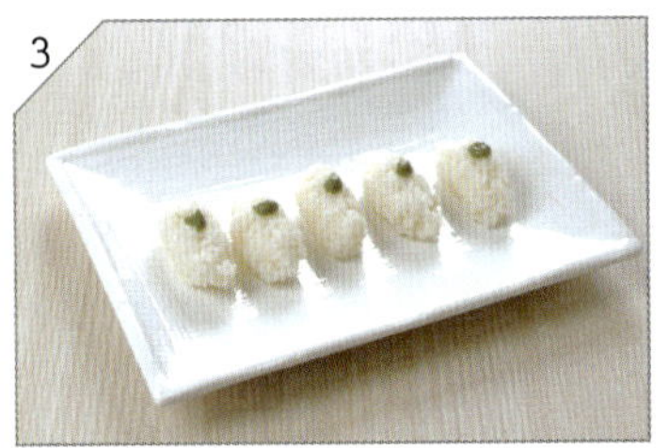

3

밥은 가볍게 주물러 타원형의 한입 크기로 빚어 연와사비를 조금씩 얹어요.

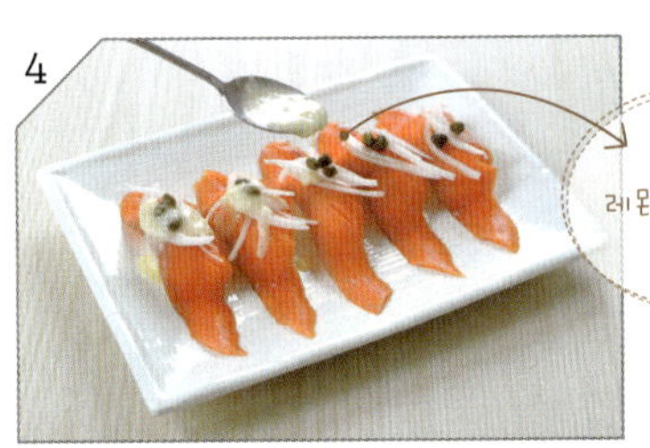

4

먹을 때 레몬을 살짝 짜서 뿌려요.

초밥 위에 훈제연어회를 한 점씩 얹고 채썬 양파, 케이퍼, 무순을 얹은 후 분량의 마요네즈소스 재료를 섞어 끼얹어요.

Cooking Tip

연어초밥에는 홀스래디시라는 서양 소스를 사용하는데, 마요네즈소스로 대체해도 좋답니다.

색색주먹밥

형형색색 갖가지 재료로 빚어놓은 주먹밥은 보는 것만으로도 행복하답니다. 하나하나 골라 먹는 재미가 있고 먹기도 간편한 주먹밥입니다.

Ready 2인분

- □ 밥 … 2공기
- □ 브로콜리 … 50g
- □ 삶은 달걀노른자 … 3개
- □ 햄 … 50g
- □ 검은깨 … 4큰술
- □ 참기름 … 2큰술
- □ 소금 … 약간
- □ 식용유 … 약간

1 브로콜리는 끓는 물에 소금을 약간 넣고 살짝 데쳐 헹군 후 물기를 빼서 잘게 다져요.

2 햄은 잘게 다져 달군 팬에 식용유를 두르고 살짝 볶아요. 삶은 달걀노른자는 체에 곱게 내려요.

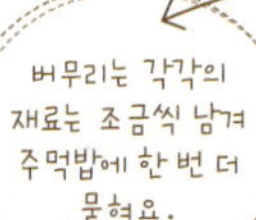

3 밥은 참기름, 소금으로 간을 맞춰 네 등분으로 나눠 다진 브로콜리, 달걀노른자가루, 다진 햄, 검은깨에 각각 버무려요.

4 각각의 재료로 버무린 밥은 한입 크기의 주먹밥으로 빚어 다시 한 번 겉면에 같은 재료를 묻혀요.

충무김밥

고기잡이 나가는 남편을 위해 쉽게 상하지 않는 밥과 반찬으로 만들어냈다는 충무김밥. 식어도 맛있어서 나들이 메뉴로도 좋아요.

1

무는 어슷하게 썰어 **무김치 밑간** 재료로 밑간해 1시간 정도 절여 물기를 대충 제거하고 **무김치 양념** 재료로 고루 무쳐요.

2

오징어는 껍질을 벗겨 끓는 물에 살짝 데쳐요.

3

오징어는 먹기 좋게 썰어 분량의 **오징어무침 양념**으로 고루 무쳐요.

4

따뜻한 밥을 분량의 **밥 양념** 재료로 밑간해요. 김을 6등분으로 잘라 밥을 한 숟가락씩 얹어 돌돌 말아요.

Ready · 2인분

- 밥 … 2공기
- 무 … 400g(중간 크기 1/3개)
- 오징어 … 1마리(대)
- 김 … 4장

무김치 밑간
식초 1큰술, 설탕 1큰술, 소금 1/2큰술

무김치 양념
고춧가루 3큰술, 설탕 2큰술, 식초 2큰술, 액젓 2큰술, 다진 파 1큰술, 다진 마늘 1큰술, 통깨 1큰술

오징어무침 양념
고춧가루 2큰술, 간장 1.5큰술, 액젓 1.5큰술, 설탕 2큰술, 다진 파 1큰술, 다진 마늘 1/2큰술, 물엿 2큰술, 맛술 1큰술, 참기름 1큰술, 후추 약간

밥 양념
참기름 1큰술, 통깨 1큰술, 소금 1작은술

오니기리

입맛 없을 때, 간편하게 한 끼 식사를 먹고 싶을 때 오니기리를 준비하세요. 오니기리 한 개에 밥이 반 공기 이상 들어가니 한두 개만 먹어도 한 끼 식사로 손색이 없답니다. 좋아하는 재료를 넣어 입맛에 맞춰보세요.

Ready 2인분, 4개 분량

□ 따뜻한 밥 … 2공기
□ 김 … 1/2장
□ 소금 … 약간

□ **명란소**
명란젓 60g, 고춧가루 1/3큰술,
다진 파 1큰술, 마요네즈 1큰술,
통깨 1큰술

□ **볶음멸치소**
잔멸치 1/2컵, 간장 1/2작은술,
설탕 1/2큰술, 물엿 1큰술, 통깨
1큰술, 식용유 약간

1

달군 팬에 식용유를 두르고 간장, 설탕, 물엿을 넣고 끓이다가 잔멸치를 넣어 고루 섞고 통깨를 뿌려요.

2

명란젓은 얇은 겉껍질을 벗기고, 알만 긁어 분량의 명란소 재료를 넣고 섞어요.

3

밥공기에 비닐랩을 깔고 밥 1/2공기를 넣어 고루 편 뒤 명란소를 넣고 밥을 꼼꼼히 덮은 후 비닐랩째 들어 삼각형으로 모양을 내요.

4

비닐랩을 벗겨 삼각형 모양의 밥에 김을 10×4cm 크기로 잘라 감싸요.

모듬 쌈밥

푸릇푸릇 신선한 채소 위에 밥 한술 크게 떠올리고, 양념장이 삐져나올까 봐 예쁘게 오므려 한입에 쏘옥~! 싱싱한 채소와 쌈장의 만남은 웰빙 음식 중 단연 으뜸이랍니다.

1

다진 쇠고기는 분량의 쇠고기 밑간 재료로 무쳐 잠시 재워요. 양파를 다져 달군 팬에 식용유를 두르고 볶다가 양념한 쇠고기를 넣고 볶아요.

2

쇠고기가 반쯤 익으면 나머지 쌈장 재료를 넣고 재빨리 볶아요.

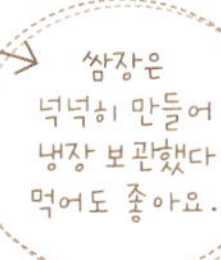

3

근대는 줄기를 잘라내고 깨끗이 씻어 끓는 물에 소금을 약간 넣고 살짝 데쳐요. 데친 근대는 찬물에 헹궈 물기를 빼요.

4

데친 근대는 잎을 넓게 펴서 한입 크기로 밥을 얹고 쌈장을 올려 꼼꼼히 말아요. 상추도 같은 방법으로 말아요.

Ready　2인분

- [ ] 근대 잎 … 10장
- [ ] 상추 … 10장
- [ ] 밥 … 2공기
- [ ] 식용유 … 약간
- [ ] 소금 … 약간

□ 쌈장
다진 쇠고기 100g, 양파 1/2개, 된장 4큰술, 고추장 2큰술, 올리고당 3큰술, 매실청 2큰술, 참기름 2큰술, 다진 마늘 1큰술, 맛술 1큰술, 통깨 2큰술

□ 쇠고기 밑간
간장 1큰술, 설탕 1/2큰술, 참기름 1/2큰술, 다진 마늘 1/2큰술, 맛술 1/2큰술, 후추 약간

오므라이스

냉장고 속 자투리 채소를 다져 넣고 달걀옷을 예쁘게 입힌 오므라이스. 오므라이스는 보는 것만으로도 즐거움을 주는 한 끼 식사랍니다.

Ready 1인분

- □ 밥 … 1공기
- □ 달걀 … 3개
- □ 다진 양파 … 3큰술
- □ 다진 당근 … 2큰술
- □ 다진 부추 … 2큰술
- □ 다진 파프리카 … 2큰술
- □ 다진 햄 … 2큰술
- □ 소금 · 후추 … 약간씩
- □ 식용유 · 케첩 … 약간씩

1 달걀은 소금을 약간 넣고 곱게 풀어 체에 밭쳐 알끈을 제거해요.

2 양파, 당근, 부추, 파프리카, 햄은 같은 크기로 잘게 다져요.

3 달군 팬에 식용유를 두르고 양파를 볶다가 당근, 부추, 파프리카, 햄을 넣어 볶고, 재료가 완전히 익기 전에 따뜻한 밥을 넣고 밥알이 흩어지도록 볶아 소금, 후추로 간해요.

4 달군 팬에 식용유를 두르고 약불에서 달걀을 부어 반쯤 익히다가 볶음밥을 얹고, 달걀 윗면이 채 익기 전에 가장자리를 접어 타원형이 되도록 만들어요. 먹을 때 케첩을 뿌려요.

해물 리조또

이탈리안 레스토랑에서 먹던 리조또를
집에서도 만들어보세요. 레스토랑 못지
않게 부드럽고 고소한 리조또의 맛을 낼
수 있답니다. 해물로 맛을 내면 개운한
맛까지 더해진 리조또가 완성된답니다.

1

오징어는 껍질을 벗겨 몸통을 가르
지 말고 동글동글 채썰고, 관자는
얇게 나박썰며, 새우살과 홍합살을
준비해요.

2

달군 팬에 올리브유를 두르고 채썬
양파, 편으로 썬 마늘을 볶다가 불
린 쌀을 넣고 쌀알이 투명해질 때까
지 달달 볶아요.

3

오징어, 관자, 새우살, 홍합살, 화이
트와인을 넣고 볶다가 분량의 소스
재료를 섞어 붓고 함께 볶아요.

4

3에 다시마물을 붓고 중불에서 저
어가며 끓이다가 쌀이 익고 수분이
날아가 리조또가 완성되면 파마산
치즈가루를 섞고 소금, 후추로 간하
고 파슬리가루를 뿌려요.

Ready `2인분`

- 불린 쌀 … 2컵
- 오징어 … 1/2미리
- 관자 … 1개
- 새우(중하) … 8마리
- 홍합살 … 1/2컵
- 양파 … 1/2개
- 통마늘 … 3개
- 화이트와인 … 2큰술
- 파마산치즈가루 … 2큰술
- 소금·후추 … 약간씩
- 올리브유·파슬리가루 … 약간씩
- **소스**
  토마토소스 1컵, 우유 1/3컵
- **다시마물**
  다시마 1장(사방 10cm),
  물 1+2/3컵

나시고랭

인도네시아 볶음밥으로 해물과 채소를
듬뿍 넣고 특유의 나시고랭소스로 볶는
메뉴지만, 집에서 간편하게 해먹기 위해
우리 입맛에 맞게 살짝 변형시켜 만드니
밥맛이 절로 살아나는 듯해요.

Ready
1인분

- □ 밥 … 1공기
- □ 달걀 … 2개
- □ 새우살 … 1/2컵
- □ 양파 … 1/4개
- □ 숙주 … 1줌
- □ 완두콩 … 2큰술
- □ 통조림 옥수수 … 2큰술
- □ 건고추 … 1/2개
- □ 다진 마늘 … 1/2큰술
- □ 다진 쪽파 … 1큰술
- □ 고추기름 … 1큰술
- □ 식용유 … 1큰술

- □ 양념장
  굴소스 1큰술, 간장 2큰술, 설
  탕 1/2작은술, 맛술 2큰술, 후추
  약간

1

손질된 새우살이나 새우(중하)의 껍
질, 내장을 제거하고, 숙주, 채썬 양
파, 완두콩, 통조림 옥수수를 준비
하고, 달걀은 잘 풀어요.

2

달군 팬에 고추기름과 식용유를 섞
어 두르고 다진 마늘과 잘게 다진
건고추를 볶다가 양파를 볶고, 새우
살, 완두콩, 옥수수를 넣고 볶아요.

3

밥을 넣고 볶다가 숙주를 넣고 분
량의 양념장 재료를 섞어 붓고 재
빨리 볶아요.

4

볶음밥을 옆으로 밀어두고 풀어놓
은 달걀을 부어 빠르게 스크램블해
밥과 섞어요. 그릇에 담아낼 때 다
진 쪽파를 뿌려요.

치킨돈부리

따뜻한 밥 위에 달콤하고 짭조름한 데리야끼소스로 졸인 촉촉한 닭가슴살을 듬뿍 올렸어요. 아이들은 물론 남편도 반해버린 치킨돈부리는 다른 반찬이 필요 없는 별미 밥이에요.

1
닭가슴살은 한입 크기로 썰어요.

2

팬에 분량의 데리야끼소스 재료를 넣고 끓이다가, 닭가슴살을 넣고 약불에서 소스를 뿌려가며 조려요.

3
달군 팬에 식용유를 두르고 채썬 양파를 볶은 후 가쓰오부시육수, 간장, 참기름, 소금, 후추를 넣고 끓이다가 달걀을 풀어 살짝 익혀요.

4
따뜻한 밥에 3에서 만든 국물을 붓고 데리야끼소스에 조린 닭가슴살을 얹은 후 다진 쪽파를 얹어내요.

Ready　1인분

- □ 밥 … 1공기
- □ 닭가슴살 … 100g
- □ 양파 … 1/4개
- □ 달걀 … 1개
- □ 다진 쪽파 … 2큰술
- □ 간장 … 1/2큰술
- □ 참기름 … 1/2큰술
- □ 소금 · 후추 … 약간씩
- □ 식용유 … 약간
- □ 가쓰오부시육수
  가쓰오부시 1/2컵, 따뜻한 물 1컵
- □ 데리야끼소스
  간장 2큰술, 청주 1큰술, 설탕 1/2큰술, 물엿 1큰술, 맛술 1큰술

Cooking Tip

가쓰오부시육수는 가쓰오부시 1/2컵과 따뜻한 물 1컵을 부어 5분간 우려 만들어요.

쟁반냉면

갖가지 채소 고명이 푸짐한 쟁반냉면은 상대적으로 면을 덜먹게 되어 칼로리를 낮출 수 있답니다. 살얼음진 냉면육수를 더하면 더욱 시원한 감칠맛을 느낄 수 있어요.

Cooking Tip

쇠고기 냉면육수 만들기

쇠고기(양지) 200g, 무 1/6개(100g), 양파 1/4개, 대파 1대, 통마늘 6쪽, 생강 1/2쪽, 통후추 1/2작은술, 물 10컵을 1시간 정도 푹 고은 후 면보에 기름기를 걸러 국간장 1큰술, 설탕 2큰술, 식초 2큰술, 소금 약간으로 간 맞추어 냉장고에 넣어 차게 식혀요.

Ready　2인분

- □ 메밀냉면 … 200g
- □ 닭가슴살 … 150g
- □ 오이 … 1/2개
- □ 당근 … 1/2개
- □ 적채 … 1줌(100g)
- □ 깻잎 … 8장
- □ 달걀 … 2개
- □ 냉면육수 … 1.5컵
- □ 통깨 … 약간

□ **비빔장**
　고춧가루 4큰술, 간장 4큰술, 배즙 4큰술, 양파즙 2큰술, 다진마늘 2큰술, 물엿 2큰술, 설탕 1큰술, 연겨자 1/2큰술, 식초 2큰술, 참기름 2큰술, 통깨 2큰술

□ **닭가슴살 삶을 때**
　물 3컵, 대파 1/2대, 통마늘 3쪽, 청주 2큰술

□ **양념**
　참기름 1큰술, 소금 1/2작은술, 후추 약간

1

오이, 당근, 적채, 깻잎은 모두 곱게 채썰어요. 달걀은 노른자, 흰자를 분리해 각각 얇게 지단을 부쳐 채썰어요.

2

냄비에 닭가슴살과 분량의 **닭가슴살 삶을 때** 재료를 넣고 10분간 삶아서 결대로 찢어 분량의 **양념** 재료로 무쳐요.

3

냉면은 손으로 잘 비벼서 가닥을 풀어 끓는 물에서 2~3분간 삶아 찬물에 헹궈 물기를 뺀 후 사리 지어요.

4

접시에 닭가슴살과 채소를 돌려 담고 냉면을 얹고 분량의 **비빔장** 재료를 섞어 끼얹은 후 냉면육수를 붓고 통깨를 뿌려요.

잔치국수

여럿이 모였을 때 가장 편하게 준비할 수 있는 메뉴가 잔치국수죠. 구수한 멸치육수에 말아 먹는 잔치국수는 누구나 부담 없이 먹기 좋은 한 끼가 된답니다.

1

냄비에 국멸치, 다시마, 물을 붓고 끓이다가 끓으면 다시마는 건져내고 불을 줄여 7~8분간 더 끓여 육수를 걸러 국간장, 소금으로 간해요.

2

애호박, 당근은 채썰어 식용유를 두른 팬에 살짝 볶고, 달걀은 흰자, 노른자를 분리해 각각 지단을 부쳐 채썰어요.

3

김치는 속을 대충 털고 채썰어 분량의 **김치 양념** 재료로 무쳐요.

4

끓는 물에 소면을 넣고 끓어오르면 찬물 1컵씩을 붓고 끓이는 것을 반복하다 찬물에 여러 번 헹궈 물기를 빼요. 면기에 소면을 담고 2, 3을 얹은 후 뜨거운 육수를 부어요.

Ready　4인분

- □ 소면 … 480g
- □ 애호박 … 2/3개
- □ 당근 … 1/2개
- □ 다진 김치 … 1컵
- □ 김가루 … 4큰술
- □ 달걀 … 2개
- □ 식용유 … 적당량
- □ 소금 … 약간

□ 멸치육수
국멸치 1줌, 다시마 1장(사방 10cm), 물 8컵, 국간장 1큰술, 소금 약간

□ 김치 양념
참기름 0.5큰술, 통깨 약간

□ 양념장
간장 4큰술, 국간장 1큰술, 고춧가루 1.5큰술, 다진 마늘 1큰술, 다진 청양고추 1큰술, 맛술 2큰술, 참기름 1큰술, 깨소금 1큰술, 후추 약간

Cooking Tip

소면이 끓어오를 때 찬물을 부어 온도 낮춰주기를 두세 번 반복하면 면이 쫄깃해져요.

김치말이국수

새콤하게 잘 익은 김치를 송송 썰고 가슴속까지 시원한 김칫국물을 아낌없이 넣어 국수를 말아내면 '시원하다'는 소리가 절로 나온답니다.

Ready 2인분

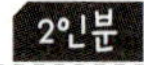

- □ 소면 … 240g
- □ 배추김치 … 1컵
- □ 김칫국물 … 1컵
- □ 멸치육수 … 2컵
- □ 삶은 달걀 … 1/2개
- □ 통깨 … 약간

- □ **김치 양념**
  연겨자 1/2큰술, 설탕 1큰술, 참기름 1/2큰술, 통깨 1큰술

- □ **김칫국물 양념**
  식초 2큰술, 설탕 1큰술, 소금 약간

1

배추김치는 속을 털어내고 채썰어 분량의 김치 양념 재료로 버무려요.

2

김칫국물은 체에 밭쳐 찌꺼기를 거른 후 멸치육수를 붓고 분량의 김칫국물 양념 재료로 간해요.

3

끓는 물에 소면을 넣고 끓어오르면 찬물을 1~2번 나눠 부은 후 찬물에 헹궈 물기를 빼서 1인분씩 사리 지어요.

4

면기에 소면 사리를 담고 양념한 김치, 삶은 달걀을 얹고 김칫국물을 붓고 통깨를 뿌려요.

콩국수

집에서 만드는 콩국수는 사 먹는 맛과 비교할 수 없이 진하고 고소해요. 콩을 잘 삶아야 진한 고소함을 맛볼 수 있으니 콩을 잘 삶는 방법을 알아두세요.

1 흰콩은 여러 번 헹궈 찬물에 6시간 이상 충분히 불려요. 콩은 손으로 문질러 씻어 껍질을 벗겨 내요.

2 냄비에 콩과 2배 정도의 물을 붓고 뚜껑을 덮고 끓이다가 끓어오르면 뚜껑을 열고 5분간 더 끓여요.

3 삶은 콩과 콩물은 따로 분리해요. 콩 1컵과 콩 삶은 물 2컵을 믹서기에 넣고 곱게 갈아 냉장고에서 차게 식혀요.

4 소면을 쫄깃하게 삶아 면기에 담고 차게 식힌 콩물을 붓고, 채썬 오이와 토마토 한쪽을 얹은 후 통깨를 뿌려요. 먹을 때 소금으로 간해요.

Cooking Tip

소면 쫄깃하게 삶는 법

넉넉한 냄비에 면의 5~6배 정도의 물을 붓고 끓이다가 소면을 펼쳐 넣어요. 팔팔 끓어오르면 찬물 1컵을 붓고 끓여요. 이런 과정을 2번 정도 반복한 후 면을 건져 찬물에 여러 번 문질러 씻어 물기를 충분히 빼요. 중간에 찬물을 부어 온도를 낮추면 면에 탄력이 생겨 더욱 쫄깃쫄깃해요.

"

메밀국수

메밀은 성질이 서늘하고 찬 음식으로 몸 속의 열을 식혀주고, 소화를 도와요. 국수 장국을 정성 들여 만들어 휘리릭 면을 삶아 간편하게 해먹기도 좋아요. 입맛 없는 여름철에 즐기는 별미요리예요.

Ready
2인분

- □ 메밀면 … 240g
- □ 무 … 60g
- □ 쪽파 … 1대
- □ 구운 김 … 1/8장
- □ 연와사비(고추냉이 간 것) …약간
- □ **장국육수**
  물 4컵, 멸치 1줌(30g), 다시마 1장(사방 10cm), 무 60g, 양파 1/2개, 대파 1/2대, 가다랑어포 1줌(25g)
- □ **장국 양념**
  간장 8큰술, 설탕 2큰술, 청주 2큰술, 맛술 2큰술

1

냄비에 가다랑어포를 제외한 **장국육수** 재료를 넣고 끓이다가 끓으면 다시마는 건지고 불을 줄여 20분간 끓여요. 불을 끄고 건더기를 건지고 가다랑어포를 넣어 10분간 우려요.

2

가다랑어포를 체로 건져내고, 육수에 분량의 **장국 양념** 재료로 간해 냉장고에 넣어 차게 식혀요.

3

무는 강판에 곱게 갈아 동그랗게 뭉쳐 국물을 살짝 짜고, 김은 채썰고, 쪽파는 송송 썰어요.

4

끓는 물에 메밀면을 넣고 끓으면 찬물을 두 번 정도 나눠 붓고 삶아 찬물에 헹궈 사리 지어요. 메밀면에 김을 얹고, 장국에 파를 뿌린 후 간 무와 와사비를 곁들여요.

해물칼국수

갖가지 해물이 풍성하게 들어가 시원한
바다 내음이 일품인 칼국수랍니다. 해물
을 골라 먹는 재미가 쏠쏠하답니다.

1

오징어는 몸통 안쪽에 칼집을 내고,
왕새우, 홍합은 엷은 소금물에 헹구
고, 바지락은 소금물에 한나절 정도
담가 해감해요.

2

애호박, 당근은 납작하게 편썰고,
대파는 어슷썰고, 팽이버섯은 가닥
을 떼어요.

3

멸치육수를 끓이다가 칼국수, 애호
박, 당근을 넣어 끓여요.

4

칼국수가 익으면 1의 해산물을 넣
고 바지락이 벌어질 때까지 끓이다
가 팽이버섯, 대파, 다진 마늘을 넣
고 국간장, 소금, 후추로 간해요.

Ready   2인분

- [ ] 칼국수 … 320g
- [ ] 오징어 … 1/2마리
- [ ] 왕새우 … 3~4마리
- [ ] 홍합 … 5~6개
- [ ] 바지락 … 10개
- [ ] 애호박 … 1/2개
- [ ] 당근 … 1/2개
- [ ] 대파 … 1/3대
- [ ] 팽이버섯 … 약간
- [ ] 멸치육수 … 8컵
- [ ] 다진 마늘 … 1큰술
- [ ] 국간장 … 1.5큰술
- [ ] 소금 · 후추 … 약간씩

쌀국수

부드러운 쌀국수에 싱싱한 숙주와 담백한 쇠고기를 두어 점 올려 뜨거운 육수와 함께 후루룩 먹으면 온몸이 따뜻해지면서 속까지 든든하답니다. 쌀국수 전문점에서 먹던 맛 그대로 집에서 즐겨보세요.

Ready　2인분

- □ 쌀국수 … 200g
- □ 숙주 … 1줌(80g)
- □ 청양고추 … 1개
- □ 홍고추 … 1/2개
- □ 다진 파 … 2큰술
- □ 피시소스(또는 까나리액젓) … 2큰술
- □ 레몬 … 2조각
- □ 해선장 · 스리라차칠리소스 … 약간씩
- □ **육수**
  쇠고기(양지머리) 200g, 대파 1/2대, 통마늘 3쪽, 생강 1쪽, 통후추 약간, 물 2ℓ
- □ **양파초절임**
  양파 1개, 식초 2큰술, 설탕 1큰술, 소금 1/2작은술

1 냄비에 분량의 육수 재료를 넣고 끓이다가 끓기 시작하면 불을 줄여 30분간 푹 고아요.

2 잘 익은 고기는 건져 한김 식혀 얄팍하게 썰고, 국물은 체에 밭쳐 맑은 국물만 받아 피시소스로 간해서 끓여요.

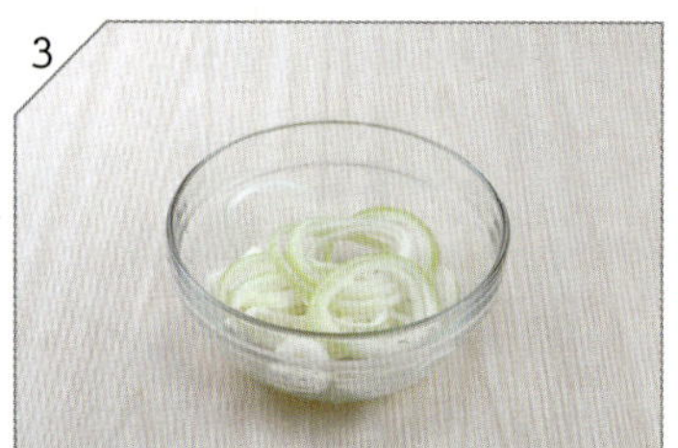

3 양파는 링 모양으로 얇게 썰어 식초, 설탕, 소금으로 간해 20분간 재운 후 물기를 살짝 짜서 양파초절임을 만들어요.

4 찬물에 30분간 불린 쌀국수를 끓는 물에 2~3분간 삶아서 헹궈 물기를 빼요. 면기에 쌀국수를 담고 쇠고기, 숙주, 다진 고추, 파, 양파초절임, 레몬을 얹고 육수를 부어요.

냄비우동

추운 날 생각나는 면요리 중 하나죠? 보글보글 끓는 냄비에 갖가지 맛 난 고명이 가득한 냄비우동은 냄비째 먹어서 더욱 정감이 가는 메뉴랍니다.

1

냄비에 가다랑어포를 제외한 육수 재료를 넣고 끓이다가 끓으면 다시마는 건져내고 불을 줄여 20분간 더 끓여요.

2

불을 끄고 건더기를 모두 건져낸 후 가다랑어포를 넣고 10분간 우려서 육수를 걸러요.

3

왕새우는 옅은 소금물에 헹구고, 조개는 해감하고, 표고버섯은 칼집을 넣어 모양을 내고, 어묵, 홍고추, 대파는 먹기 좋게 썰어요. 쑥갓, 팽이버섯, 우동면을 준비해요.

4

냄비에 우동면, 왕새우, 조개, 표고버섯, 어묵, 대파, 홍고추를 넣고 육수를 부어 끓여요. 조개가 입이 벌어지면 국간장, 소금으로 간하고 팽이버섯, 쑥갓을 얹어내요.

Ready　1인분

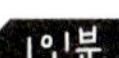

- □ 우동면 … 210g
- □ 왕새우 … 2마리
- □ 조개 … 4마리
- □ 표고버섯 … 1개
- □ 어묵 … 1장
- □ 홍고추 … 1/2개
- □ 대파 … 1/4대
- □ 팽이버섯 … 1/2줌
- □ 쑥갓 … 1/2줌
- □ 국간장 … 1/2큰술
- □ 소금 … 약간

□ 육수
물 4컵, 다시마 1장(사방10cm), 양파 1/4개, 대파 1/2대, 가다랑어포 1줌

토마토스파게티

토마토의 상큼함을 제대로 살려 토마토
의 풋풋함에 반해버릴 수밖에 없는 간편
하고 맛있는 스파게티랍니다.

Ready　2인분

- □ 스파게티면 … 160g
- □ 칵테일새우 … 1줌(100g)
- □ 통마늘 … 6쪽
- □ 양파 … 1/4개
- □ 토마토 … 2개
- □ 토마토페이스트 … 1컵
- □ 화이트와인 … 2큰술
- □ 소금·후추 … 약간씩
- □ 치즈가루·올리브유 … 약간씩
- □ 면 삶을 때
  물 2ℓ, 올리브유 1작은술, 소금 1
  큰술

1 토마토는 끓는 물에 살짝 데쳐 찬물
에 헹궈 껍질을 벗겨 잘게 다져요.

2 끓는 물에 올리브유, 소금을 넣고
스파게티면을 펼쳐 넣어 10분간 삶
은 후 헹구지 말고 체에 밭쳐 물기
를 빼요.

3 달군 팬에 올리브유를 두르고 편으
로 썬 마늘과 잘게 썬 양파를 넣고
살짝 볶다가 잘게 다진 토마토와 토
마토페이스트를 넣고 볶아요.

4 토마토소스에 삶은 스파게티, 칵테
일새우, 화이트와인을 넣고 고루 섞
어요. 소금, 후추로 간하고 치즈가
루를 뿌려요.

카르보나라

진한 크림소스는 중독성이 강해 한동안 먹지 않으면 그 맛이 그리워지곤 하죠. 카르보나라는 집에서도 만들어 먹기 좋은 진한 크림소스 스파게티예요.

1

베이컨은 1cm 폭으로 썰고, 양파는 잘게 썰고, 양송이버섯, 통마늘은 편으로 썰어요.

2

달군 팬에 올리브유를 두르고 마늘, 양파를 볶다가 베이컨, 양송이버섯을 넣고 화이트와인을 부어요.

3

2에 생크림, 우유를 천천히 붓고 약불에서 걸쭉해지도록 3~4분간 조려요. 끓는 물에 올리브유, 소금을 넣고 스파게티면을 넣어 10분간 삶아 건져요.

4

걸쭉해진 소스에 삶은 스파게티면을 넣고 고루 섞은 후 불을 끄고 달걀노른자를 풀어 넣고 재빨리 휘젓고, 소금, 후추, 파슬리가루를 뿌려요.

짜장면

추억이 있는 음식은 더 맛있게 느껴지죠? 누구나 하나쯤 추억이 있는 음식하면 짜장면이 아닐까요? 그래서 언제 먹어도 반가운 맛이랍니다.

Ready　2인분

- □ 생면 … 320g
- □ 돼지고기 … 150g
- □ 감자 … 1개(중)
- □ 양파 … 1/2개
- □ 당근 … 1/2개
- □ 애호박 … 1/3개
- □ 양배추 … 3장
- □ 오이 … 1/2개
- □ 춘장 … 120g
- □ 다진 마늘 … 1큰술
- □ 멸치육수 … 1컵
- □ 설탕 … 1/2큰술
- □ 굴소스 … 1큰술
- □ 소금 … 약간
- □ 식용유 … 약간
- □ **돼지고기 밑간**
  청주 1큰술, 소금 · 후추 약간씩
- □ **녹말물**
  녹말가루 1.5큰술, 물 2큰술

1

돼지고기는 깍둑썰어 분량의 돼지고기 밑간 재료로 밑간해 잠시 재워요.

2

달군 팬에 다진 마늘을 넣고 살짝 볶다가 돼지고기를 넣고 볶아요.

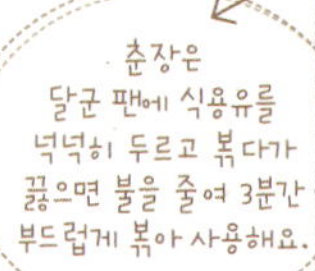

3

고기가 익으면 깍둑썬 감자, 양파, 당근, 애호박, 양배추를 넣어 볶다가 볶은 춘장을 넣고 뒤섞어요.

4

멸치육수를 붓고 설탕, 굴소스를 넣어 잠시 끓이다가 녹말물을 만들어 붓고 걸쭉하게 한소끔 더 끓여요. 생면을 삶아 면기에 담고 짜장을 붓고 오이채를 얹어요.

해물 짬뽕

해물을 그릇에 넘칠 만큼 넉넉히 넣고 얼큰하고 시원하게 끓이는 짬뽕. 국물을 한 모금만 맛봐도 시원하고 얼큰한 맛에 크~ 소리가 절로 나온답니다.

2인분

- □ 생면 ⋯ 320g
- □ 오징어 ⋯ 1/2마리
- □ 홍합 ⋯ 300g
- □ 칵테일새우 ⋯ 6마리
- □ 양배추 ⋯ 1/8개
- □ 양파 ⋯ 1/2개
- □ 표고버섯 ⋯ 2개
- □ 청양고추 ⋯ 2개
- □ 홍고추 ⋯ 1개
- □ **국물 양념**
  멸치육수 5컵, 고추기름 2큰술, 통마늘 3쪽, 식용유 2큰술, 고춧가루 3큰술, 굴소스 1큰술, 다진 마늘 1큰술, 소금 약간

1 오징어는 먹기 좋게 썰고, 홍합, 칵테일새우를 준비해요. 양배추는 큼직하게 썰고, 양파와 표고버섯은 채썰고, 청양고추, 홍고추는 어슷 썰어요.

2 냄비에 고추기름, 식용유, 고춧가루, 편으로 썬 마늘을 넣고 살짝 볶아요.

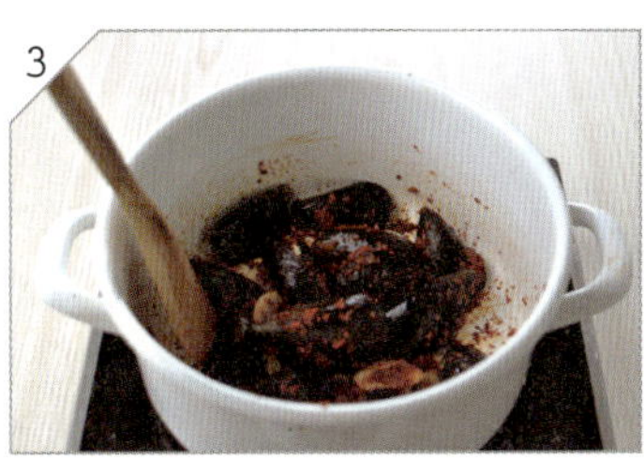

3 홍합을 넣고 볶다가 멸치육수를 붓고 오징어, 새우, 양배추, 양파, 표고버섯을 넣어 끓여요. 끓으면 중불로 줄여 3~4분간 더 끓여요.

4 해물이 익으면 청양고추, 홍고추, 다진 마늘, 굴소스를 넣고 한소끔 더 끓여 소금으로 간해요. 생면을 삶아 면기에 담고 짬뽕탕을 담아 내요.

김치전

부침개 부치는 소리와 빗소리는 진폭과 주파수가 거의 흡사하대요. 그래서 비 오는 날은 부침개가 더 먹고 싶어요. 잘 익은 김치로 부친 바삭바삭한 김치전은 비 오는 날을 위한 안성맞춤 메뉴예요.

Ready

3장 분량

- 김치 … 1/4포기(250g)
- 오징어 … 1마리
- 칵테일새우 … 1컵
- 대파 … 1/2대
- 청양고추 … 2개
- 홍고추 … 1개
- 부침가루 … 1.5컵
- 튀김가루 … 2/3컵
- 얼음물 … 1.5컵
- 김칫국물 … 1/2컵
- 카놀라유 … 약간

1

김치는 속을 털어내고 가늘게 채썰고, 김칫국물을 준비해요.

2

오징어는 가늘게 채썰고, 칵테일새우를 준비해요. 대파, 청양고추, 홍고추는 어슷썰어요.

3

부침가루와 튀김가루를 섞고 얼음물을 부어 풀어준 후 김치, 오징어, 칵테일새우, 대파, 청양고추, 홍고추를 넣고 섞어요.

4

달군 팬에 카놀라유를 넉넉히 두르고 반죽을 올리고 중불로 줄여 천천히 노릇노릇 부쳐요.

감자전

고소한 감자의 맛을 제대로 살린 감
자전에 건새우를 넣고 부치니 마치
새우튀김을 먹는 듯한 식감이 나서
인기 만점이었어요. 식어도 쫀득쫀
득 맛좋은 감자전이랍니다.

1. 감자는 껍질을 벗겨 깨끗이 씻어 잘게
토막 내어 믹서기에 곱게 갈아요.

15개 분량

- □ 감자 … 5개(중)
- □ 건새우 … 1/2컵
- □ 청양고추 … 2개
- □ 홍고추 … 2개
- □ 대파 … 1/2대
- □ 녹말가루 … 5큰술
- □ 소금 … 약간
- □ 카놀라유 … 약간

2. 곱게 간 감자는 체에 밭쳐 국물을 걸러
건더기와 국물을 분리해 10분간 두었
다가, 국물은 따라 버리고 국물 밑바닥
에 고인 감자 전분을 건더기와 합쳐요.

3. 2의 감자반죽에 녹말가루, 소금을 넣어
간하고, 다진 건새우, 다진 파를 섞어
요.

4. 달군 팬에 카놀라유를 넉넉히 두르고
감자반죽을 한 국자씩 얹고 송송 썬 청
양고추, 홍고추를 올려 중불에서 앞뒤
로 노릇노릇하게 부쳐요.

감자옹심이

강원도에서 감자를 강판에 갈아 반죽을 만들어 수제비처럼 별식으로 먹었던 토속음식
이랍니다. 웰빙 바람을 타면서 지금은 어디에서나 맛볼 수 있는 정겹고 구수한 건강식
이에요.

2~3인분

□ 감자 … 4~5개(1kg)
□ 대파 … 1/2대
□ 청양고추 … 1개
□ 홍고추 … 1/2개
□ 다진 마늘 … 1/2큰술
□ 국간장 … 1큰술
□ 소금 … 약간

□ **멸치육수**
　멸치 1줌, 다시마 1장(사방 10cm), 물 6컵

1

냄비에 분량의 **멸치육수** 재료를 넣고 끓이다 끓으면 다시마는 건져내고 7~8분 정도 더 끓인 후 육수를 걸러내요.

2

감자는 껍질을 벗겨 강판에 곱게 갈아요.

3

갈아낸 감자는 면보로 감싸 물기를 짜서 따로 준비해둬요. 감자에서 나온 국물은 10분간 가만히 가라앉혔다가 윗물을 따라 버리고 바닥에 남은 앙금은 짜낸 갈아낸 감자와 섞어요.

4

3의 감자반죽을 먹기 좋은 크기(직경 500원 동전 크기)로 떼어서 동글동글하게 빚어요.

5

멸치육수가 팔팔 끓으면 감자옹심이를 붙지 않게 하나씩 넣고 끓여요.

6

옹심이가 익어서 위로 동동 떠오르면 어슷썬 대파, 청양고추, 홍고추, 다진 마늘, 국간장을 넣고 한소끔 더 끓여요. 모자란 간은 소금으로 맞춰요.

삼색수제비

몸에 좋은 재료를 더해 색깔이 고운 수제비를 만들었어요. 구수해서 별미로 즐기기 좋은 수제비가 고운 옷을 입어 더욱 입맛을 당기는 한 끼 식사가 되었답니다.

- □ 감자 … 1개
- □ 양파 … 1/2개
- □ 애호박 … 1/2개
- □ 청양고추 … 2개
- □ 대파 … 1/2대
- □ 다진 마늘 … 1큰술
- □ 국간장 … 1큰술
- □ 소금 … 약간
- □ 멸치육수 … 10컵

- □ 수제비 반죽
  밀가루 1컵, 소금 약간, 물 1/4컵
- □ 녹차수제비 반죽
  밀가루 1컵, 녹차가루 1/2작은술, 소금 약간, 물 1/4컵
- □ 당근수제비 반죽
  밀가루 1컵, 당근즙 3큰술, 소금 약간, 물 1/4컵

1 볼에 분량의 녹차수제비 반죽 재료를 넣고 5분간 치대어 녹차수제비 반죽을 만들어요.

2 강판에 갈아낸 당근을 면보에 감싸 당근즙만 짜고 나머지 당근수제비 반죽 재료를 볼에 넣고 5분간 치대어 당근 수제비 반죽을 만들어요.

3 볼에 분량의 수제비 반죽 재료를 넣고 수제비 반죽을 만들어 녹차, 당근 반죽과 함께 비닐봉지에 넣어 냉장고에서 1시간 정도 숙성시켜요.

4 멸치육수에 나박하게 썬 감자와 채썬 양파를 넣어 끓여요.

5 국물이 끓어오르면 수제비 반죽을 얇게 떼어 넣어요.

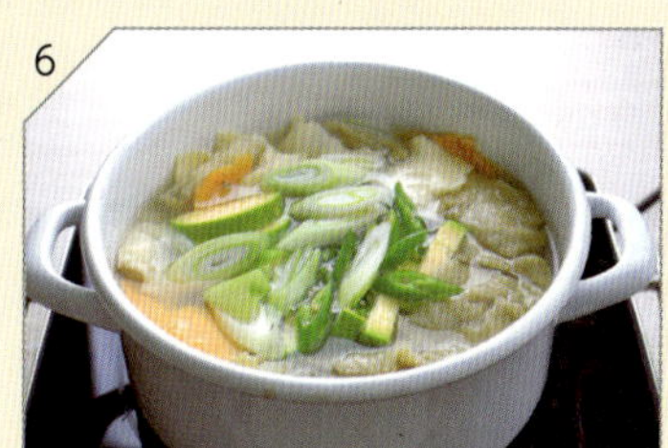

6 수제비가 익어서 동동 떠오르면 반달로 썬 호박, 어슷썬 청양고추, 대파를 넣어 끓이다가 다진 마늘을 넣고 국간장, 소금으로 간해요.

어묵탕

아침저녁으로 쌀쌀해지면 생각나는 어묵탕으로 경직된 몸과 마음을 풀어보세요. 길거
리 포장마차에서 양념간장에 찍어 후후 불어가며 먹는 것도 좋지만, 집에서 좋은 재료
로 건강하고 푸근하게 즐기는 것도 별미랍니다.

Ready

- □ 모둠 어묵 … 350g
- □ 청양고추 … 1개
- □ 홍고추 … 1개
- □ 쑥갓 … 1줌
- □ 국간장 … 2큰술
- □ 다진 마늘 … 1큰술
- □ 소금 … 약간

□ **국물 재료**
무 1/4개, 대파 흰대 2대, 왕새우 5마리, 청주 1큰술, 멸치 2줌, 다시마 1장(사방 15cm), 물 12컵 (2.4리터)

□ **양념간장**
진간장 2큰술, 다진 파 1큰술, 설탕 1/2작은술, 맛술 1작은술

1 어묵은 먹기 좋은 크기로 썰어서 꼬치에 가지런히 끼워요.

2 큰 냄비에 물 12컵을 붓고 멸치와 다시마를 넣고 끓으면 다시마는 건져내고, 중불로 줄여 7~8분간 더 끓인 후 멸치를 체에 걸러요.

3 멸치육수에 큼직하게 토막 낸 무와 대파, 왕새우, 청주를 넣어 끓이다가 중불로 줄여 15분간 은근히 푹 우려요.

4 무가 충분히 무르고 국물이 진하게 우러나면 어묵꼬치를 넣고 끓여요.

5 어묵이 부드럽게 익으면 어슷썬 청양고추, 홍고추를 넣고, 국간장, 다진 마늘, 소금으로 간해서 한소끔 더 끓여요. 먹을 때 쑥갓을 얹어내요.

PART 02

제철에 먹어야 맛있는

계절별미

곤드레밥

곤드레나물은 봄의 전령사인 달래, 냉이와 더불어 봄을 대표하는 나물 중 하나예요.
봄기운을 가득 담은 곤드레나물로 밥을 지은 곤드레밥은 봄철 영양제나 다름없답니다.

1

쌀은 깨끗이 씻어 찬물에 30분 정노 불려요.

2

건곤드레나물은 30분간 미지근한 물에 불렸다가 냄비 뚜껑을 덮고 40분간 약불에서 푹 삶아 찬물에 여러 번 헹궈요.

3

곤드레나물의 물기를 가볍게 짠 후 먹기 좋은 크기로 듬성듬성 썰어요.

4

곤드레나물은 분량의 **밑간** 재료로 조물조물 밑간해요.

5

밥솥에 불린 쌀을 넣고 보통 밥을 지을 때와 동일하게 밥물을 붓고 밑간한 곤드레나물을 얹어 밥을 지어요.

6

분량의 **양념장** 재료를 섞어 곤드레밥과 곁들여요.

Ready 2~3인분

- 쌀 … 2컵
- 불린 곤드레나물 … 200g(건곤드레나물 30g)
- 물 … 적당량
- **밑간**
  국간장 2큰술, 들기름 2큰술
- **양념장**
  부추 1/2줌, 간장 6큰술, 국간장 2큰술, 고춧가루 1큰술, 다진 마늘 1큰술, 설탕 1/2큰술, 참기름 1큰술, 통깨 1큰술

냉이쑥국

겨우내 혹한의 추위를 이겨낸 봄나물은 여러 가지 영양소가 듬뿍 들어 있어 건강 만점의 효자 식품이에요. 봄의 전령사와 같은 냉이와 쑥으로 끓인 구수한 된장국은 입맛을 돋우고 겨우내 부족한 비타민이 듬뿍 들어 있어요.

냉이와 쑥은 질기고 억센 부분과 무른 잎을 떼어내고 흐르는 물에 여러 번 씻어 물기를 빼요.

냄비에 분량의 멸치육수 재료를 넣고 끓이다가, 끓기 시작하면 다시마는 건져내고 7~8분간 더 끓여 육수를 걸러요.

된장을 체에 밭쳐 풀어 육수에 넣고 끓여요.

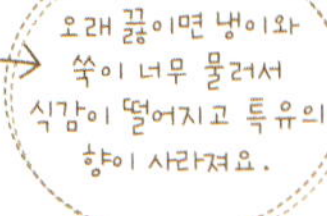

된장국물이 팔팔 끓으면 냉이아 쑥을 넣고 끓이다가, 중불로 줄여 냉이와 쑥이 부드럽게 익도록 5분간 끓여요.

냉이와 쑥이 익으면 다진 마늘을 넣고 한소끔 끓이다가 들깨가루를 넣고 소금으로 간해요.

간장게장

'밥도둑'이라는 수식어가 붙는 많은 음식 중 원조 밥도둑은 단연코 간장게장이라고 할 수 있어요. 싱싱한
꽃게, 맛깔스러운 맛간장만 있다면 간장게장 문제없어요.

간장게장을 달일 향신채 재료를 준비
해요.

냄비에 분량의 맛간장과 향신채 재료
를 넣고 끓여요. 끓기 시작하면 다시
마는 건져내고 약불로 줄여 40분간 은
근히 끓여요.

간장물이 달여지는 동안 꽃게를 손질
해요. 꽃게는 주방용 솔로 껍질을 깨
끗이 문질러 닦아요.

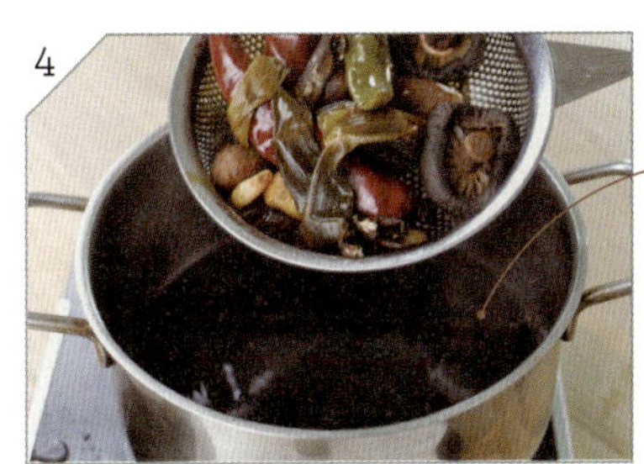

간장물이 푹 달여지면 건더기를 모두
건져내고 완전히 식혀요.

밀폐용기에 손질한 꽃게와 큼직하게
썬 청양고추, 홍고추를 넣어요.

완전히 식힌 간장물을 꽃게가 찰랑찰
랑하게 잠길 정도로 부어 냉장고에 넣
어요. 3~4일이 지나면 국물만 따라내
다시 한번 끓인 후 식혀서 붓고 냉장
보관해서 먹어요.

Ready

□ 꽃게 … 1kg
□ 청양고추 … 2개
□ 홍고추 … 2개
□ **맛간장**
  간장 3컵, 물 5컵, 청주 7큰술,
  매실청 4큰술
□ **향신채**
  멸치 1/2줌, 양파 1/2개, 대파
  1/2대, 건고추 2개, 청양고추 3
  개, 건표고버섯 4개, 통마늘 15
  쪽, 생강 2쪽, 다시마 1장(사방
  10cm), 통후추 1/2작은술

주꾸미볶음

낙지보다 작고 부드러운 주꾸미는 봄에 꼭 챙겨 먹어야 할 제철 음식이랍니다. 쫄깃하면서 부드러운 맛,
매콤달콤한 양념, 낮은 칼로리 덕분에 특히 여성들에게 인기 만점입니다.

주꾸미는 머리를 뒤집어서 내장과 먹물을 제거하고, 동그란 알주머니는 터뜨리지 말고 잘라내요. 주꾸미에 밀가루와 굵은소금을 넣고 바락바락 주물러 이물질을 제거한 후 헹궈요.

손질한 주꾸미는 먹기 좋게 썰어 분량의 양념장 재료로 고루 버무려 냉장고에서 2시간 이상 숙성시켜요.

양파, 양배추, 깻잎은 굵직하게 채썰고, 청양고추, 홍고추는 어슷썰고, 부추는 5cm 길이로 썰어요.

달군 팬에 식용유를 두르고 양파를 볶아요.

양파가 투명하게 익으면 양념한 주꾸미를 넣고, 양배추, 청양고추, 홍고추를 넣고 재빨리 볶아요.

주꾸미가 익기 시작하면 깻잎, 부추를 넣고 재빨리 뒤섞고 참기름, 통깨를 뿌려요.

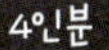

Ready　4인분

- □ 주꾸미 … 400g
- □ 양파 … 1/2개
- □ 양배추 … 1/8개
- □ 깻잎 … 8장
- □ 청양고추 … 2개
- □ 홍고추 … 1개
- □ 부추 … 1/2줌
- □ 참기름 … 1/2큰술
- □ 통깨 … 1큰술
- □ 식용유 … 약간

□ 주꾸미 손질
　밀가루 2큰술, 굵은소금 1큰술

□ 양념장
　고춧가루 4큰술, 고추장 3큰술, 간장 2큰술, 설탕 1큰술, 물엿 1큰술, 맛술 1큰술, 다진 마늘 1큰술, 생강가루 1작은술, 후추 약간

두릅튀김

두릅은 단백질과 섬유질이 풍부해 다이어트에 효과적인 건강식품이에요. 주로 회로 먹지만 두릅튀김은 두릅의 뛰어난 맛과 향을 느끼면서 바삭한 튀김옷의 고소함까지 맛볼 수 있어요.

Ready

- □ 두릅 … 12대
- □ 튀김가루 … 1/3컵
- □ 참기름 … 1큰술
- □ 소금 … 1/3큰술
- □ 튀김기름 … 적당량
- □ **튀김반죽**
  튀김가루 1컵, 얼음물 1컵
- □ **레몬간장**
  간장 2큰술, 레몬즙 2큰술, 식초 1큰술, 설탕 1/3큰술

1 두릅은 밑동을 감싸고 있는 껍질을 제거하고, 깨끗이 헹궈 물기를 빼고 참기름, 소금으로 간해요.

2 튀김가루에 얼음물을 붓고 날가루가 살짝 보일 만큼 대충 풀어 튀김반죽을 만들어요. 튀김가루를 가볍게 묻힌 두릅을 넣고 고루 반죽옷을 입혀요.

3 튀김기름이 달궈지면 중불에서 두릅을 바삭하게 튀겨요.

4 바삭하게 튀겨낸 두릅은 키친타월에 올려 기름기를 제거해요. 분량의 **레몬간장** 재료를 섞어 곁들여요.

봄나물전

겨우내 묵직한 음식만 먹다가 만나는 봄
나물은 그 자체로 기쁨이에요. 향긋하고
풋풋한 봄나물을 모아 부드럽게 전을 부
치면 봄나물 각각의 맛과 향이 어우러져
서 입맛을 돋운답니다.

1

달래, 냉이는 뿌리와 무른 잎을 다
듬어 3cm 길이로 썰고, 쑥은 질긴
잎을 다듬어 3cm 길이로 썰어요.

2

밀가루에 달걀, 물을 부어 반죽하
고, 소금을 약간 넣어 간해요.

3

반죽에 달래, 냉이, 쑥을 넣고 섞어요.

4

달군 팬에 식용유를 두르고 반죽을
한 국자씩 올려 앞뒤로 노릇노릇하
게 부쳐요.

Ready · 2장 분량

- □ 달래 … 20뿌리
- □ 냉이 … 1줌
- □ 쑥 … 1줌
- □ 밀가루 … 1컵
- □ 달걀 … 1개
- □ 물 … 1/2컵
- □ 소금 … 약간
- □ 식용유 … 약간

전복죽

영양 많은 전복죽은 여름철 보양식으로 손색이 없답니다. 전복이 가장 살이 많이 오르고 맛이 좋은 여름
철에 전복죽을 준비해서 가족들의 영양과 건강을 챙겨보세요.

쌀은 미리 씻어 물에 1시간 이상 불려요.

전복은 몸통을 떼어낸 후 초록색 내장을 따로 분리해요.

Ready 4인분

□ 쌀 … 2컵
□ 전복 … 4개(중)
□ 참기름 … 2큰술
□ 소금 … 1/2큰술
□ 물 … 10+1/2컵

냄비에 참기름 1큰술을 두르고 분리한 내장을 1분 정도 중불에서 볶다가 물 1/2집을 붓고 한소끔 끓여 체에 걸러 국물을 받아내요.

냄비에 참기름 1큰술을 두르고 쌀을 볶다가 3의 전복 내장을 볶은 국물에 넣고 볶아요.

물 10컵을 붓고 눌어 붙지 않게 저어가며 끓이다가, 끓기 시작하면 약불로 줄여 쌀이 충분히 퍼질 때까지 뭉근히 끓여요.

쌀이 부드럽게 퍼지면 전복을 채썰어 넣고 한소끔 끓여 소금으로 간해요.

초계탕

식초의 '초' 자와 겨자의 평안도 사투리인 '계' 자를 합쳐서 초계탕이라 부르는데 평안도 등 추운 지방에
서 즐겨 먹던 별미랍니다. 뜨겁게만 먹었던 닭고기를 차갑게 즐기는 별미 중의 별미랍니다.

냄비에 손질한 닭과 분량의 닭 삶을 때 재료를 넣고 끓이다가 중불로 줄여 40분간 더 끓여요.

푹 고아낸 닭고기를 건져 식힌 후 잘게 찢어 분량의 닭고기 양념 재료로 무치고, 육수는 체에 걸러 맑은 국물만 냉장고에 넣어 차게 식혀요.

적채, 오이, 당근, 표고버섯, 배는 채 썰어요. 달걀은 흰자와 노른자를 분리해 얇게 지단을 부쳐 채썰어요.

표고버섯은 식용유를 살짝 두른 팬에 가볍게 볶아요.

차갑게 식힌 육수에 분량의 국물 양념 재료를 넣어 섞어요.

우묵한 그릇에 닭고기를 담고, 적채, 오이, 당근, 표고버섯, 배, 달걀지단을 돌려 담고 육수를 붓고 잣을 올려요.

Ready ‒ 4인분

- 닭 … 1마리(중)
- 채썬 적채 … 1줌
- 오이 … 1/2개
- 당근 … 1/3개
- 표고버섯 … 2개
- 배 … 1/4개
- 달걀 … 2개
- 잣 … 1/2큰술
- 식용유 … 약간

닭 삶을 때
대파 1대, 생강 1쪽, 통후추 1큰술, 통마늘 5쪽, 청주 1큰술, 물 1.5ℓ

닭고기 양념
국간장 1큰술, 다진 마늘 1큰술, 참기름 1작은술, 소금 · 후추 약간씩

국물 양념
닭육수 5컵, 국간장 2큰술, 소금 2큰술, 설탕 2큰술, 식초 2큰술, 연겨자 1큰술

민어매운탕

여름철 최고의 보양식으로 꼽히는 민어는 소화 흡수가 빠르고, 체력 회복에 탁월해 예전부터 여름철 보양식으로 전해왔어요. 쌀 한 섬과도 안 바꾼다는 여름철 민어를 땀 흘려가며 먹고 나면 삼복더위도 문제없어요.

민어는 지느러미와 내장을 떼어내고 흐르는 물에 깨끗이 씻어 4~5토막으로 먹기 좋게 썰어요.

무, 두부, 호박은 도톰하게 썰고, 양파는 채썰며, 대파, 청양고추는 어슷썰어요. 쑥갓은 먹기 좋게 밑동을 잘라요.

분량의 **양념장** 재료를 섞어 1시간 이상 냉장고에서 숙성시켜요.

멸치육수에 양념장과 무를 넣고 끓이다가, 끓으면 중불로 줄여요. 무가 반쯤 익으면 민어를 넣고 끓여요.

민어가 하얗게 익으면 호박, 양파를 넣고 한소끔 끓여요.

두부와 대파, 청양고추를 넣고 끓이다가 모자라는 간은 소금으로 맞추고 쑥갓을 얹어내요.

Ready · 2~3인분

- □ 민어 … 1마리(소)
- □ 무 … 40g
- □ 호박 … 1/3개
- □ 두부 … 1/3모
- □ 양파 … 1/2개
- □ 대파 … 1/2대
- □ 청양고추 … 1개
- □ 쑥갓 … 1줌
- □ 멸치육수 … 5컵
- □ 소금 … 약간
- □ **양념장**
  고춧가루 3큰술, 국간장 1큰술, 양파즙 2큰술, 다진 마늘 2큰술, 청주 2큰술, 생강가루 1작은술

열무냉면

여름 하면 아삭아삭한 열무김치를 빼놓을 수 없죠. 잘 익은 열무김치를 쫄깃한 냉면에 말아 먹으면 한여름 더위쯤은 문제없을 만큼 시원하고 무더위에 지친 입맛을 돋워준답니다.

Ready · 2인분

□ 냉면 … 320g
□ 열무물김치 … 3컵
□ 오이 … 1/3개
□ 삶은 달걀 … 1개
□ 멸치육수 … 1.5컵
□ **열무 밑간**
　다진 마늘 1큰술, 참기름 1큰술,
　매실청 2큰술
□ **김칫국물 밑간**
　설탕 1.5큰술, 소금 1작은술

1. 열무물김치는 열무와 김칫국물을 분리해서, 열무는 먹기 좋게 썰어 분량의 **열무 밑간** 재료로 밑간해요.

2. 김칫국물에 멸치육수를 붓고 분량의 **김칫국물 밑간** 재료로 간해요.

3. 달걀은 삶아 반으로 썰고, 오이는 얇게 채썰어요.

4. 냉면은 손으로 비벼서 가닥을 떼어 끓는 물에 1~2분간 삶아 찬물에 헹궈 물기를 빼요. 면기에 냉면사리를 담고 양념한 열무, 오이, 달걀을 얹고 김칫국물을 부어요.

오이미역냉국

얼음 동동 띄운 오이냉국 한그릇이면 한
여름 더위가 싹 가시는 듯해요. 살짝 데
쳐서 보들보들해진 미역 한줌을 넣고 새
콤달콤하게 맛을 내면 더위에 잃은 입맛
이 되살아나는 것 같답니다.

1

마른미역은 찬물에 담가 30분간 충
분히 불려요.

2

오이는 가지런히 채썰고, 청양고추,
홍고추는 송송 썰어요.

3

끓는 물에 미역을 넣고 재빨리 데쳐
찬물에 헹궈 물기를 빼요. 데친 미
역과 오이, 청양고추, 홍고추에 분
량의 양념 재료를 넣고 조물조물 무
쳐요.

4

분량의 냉국물 재료를 섞어 차게 식
힌 후 3의 양념한 재료에 붓고 통깨
를 뿌려요. 모자란 간은 소금으로
맞춰요.

Ready 3~4인분

- □ 불린 미역 … 1컵
- □ 오이 … 1개
- □ 청양고추 … 1개
- □ 홍고추 … 1개
- □ 통깨 … 1큰술
- □ 소금 … 약간

□ **냉국물**
  멸치육수 4컵, 맛술 1큰술, 소금
  1큰술

□ **양념**
  식초 6큰술, 설탕 2큰술, 매실청
  5큰술, 국간장 2큰술, 다진 마늘
  1/2큰술

갈치조림

갈치 하면 바로 제주도 갈치. 제주도식으로 구수한 고사리를 넉넉히 넣고 맛깔스럽게 갈치조림을 했어
요. 고사리의 깊은 맛이 더해져 부드럽고 고소한 갈치 맛이 더욱 일품이랍니다.

1 갈치는 내장, 머리, 지느러미를 제거
하고 토막 내어 깨끗이 씻어요.

2 삶은 고사리는 먹기 좋게 썰고, 무는
큼직하게 나박썰고, 양파는 채썰고,
대파, 홍고추는 어슷썰어요.

3 멸치육수에 무를 넣고 끓이다가 팔팔
끓으면 중불로 줄여 무가 잘 무르도록
끓여요.

4 무가 익으면 무 위에 고사리를 얹어
요.

5 고사리 위에 손질한 갈치를 얹고 분
량의 조림장 재료를 섞어 고루 뿌리
고 끓여요. 끓으면 중불로 줄여 갈치
와 고사리가 잘 무르도록 7~8분간
끓여요.

6 갈치가 하얗게 익고 고사리가 부드러
워지면 양파, 대파, 홍고추를 얹어 한
소끔 더 끓여요.

Ready

- 갈치 … 1마리(대)
- 무 … 200g
- 삶은 고사리 … 200g
- 양파 … 1/2개
- 대파 … 1대
- 홍고추 … 1개
- 멸치육수 … 3컵
- 조림장
  간장 3큰술, 고추장 1큰술, 고춧
  가루 2큰술, 청주 3큰술, 설탕 1
  큰술, 물엿 1큰술, 양파 간 것 3
  큰술, 다진 마늘 2큰술, 다진 생
  강 1작은술, 참기름 1큰술, 후추
  약간

Cooking Tip

멸치육수는 찬물 3컵에 멸치 1줌을
넣고 7~8분간 끓여 육수를 걸러
내요.

표고버섯밥

건표고버섯은 생표고버섯보다 맛과 향이 아주 진해요. 표고버섯의 쫄깃쫄깃하고 깊은 맛은 어떤 요리를
해도 잘 어울려요. 밥을 지어도 그 진가를 발휘해 구수한 밥맛을 살린답니다.

1 건표고버섯은 깨끗이 헹궈 찬물에 30분간 불려요. 쌀도 깨끗이 씻어서 찬물에 30분간 불려요

2 다진 쇠고기는 분량의 ==쇠고기 밑간== 재료로 무쳐 잠시 재워요.

3 불린 표고버섯은 밑동을 떼고 채썰어 분량의 ==표고버섯 밑간== 재료로 밑간해요.

4 달군 팬에 식용유를 살짝 두르고 밑간한 쇠고기를 물기 없이 볶아요.

5 밥솥에 불린 쌀을 넣고 쇠고기, 표고버섯을 얹은 후 표고버섯 불린 물을 붓고 밥을 지어요.

6 분량의 ==양념장== 재료를 섞어 표고버섯밥에 곁들여내요.

Ready `3~4인분`

- ☐ 쌀 … 2컵
- ☐ 건표고버섯 … 5개
- ☐ 다진 쇠고기 … 150g
- ☐ 표고버섯 불린 물 … 2컵
- ☐ 식용유 … 약간

☐ **쇠고기 밑간**
간장 1큰술, 설탕 1/2큰술, 맛술 1큰술, 나진 마늘 1/2큰술, 참기름 1/2큰술, 후추 약간

☐ **표고버섯 밑간**
간장 1/2큰술, 참기름 1/2큰술, 후추 약간

☐ **양념장**
부추 4대, 간장 6큰술, 국간장 2큰술, 고춧가루 1큰술, 다진 마늘 1큰술, 설탕 1/2큰술, 참기름 1큰술, 통깨 1큰술

연포탕

낙지는 각종 영양소를 함유한 바다의 스테미너 식품으로, 바닷가 어민들은 갯벌 속의 산삼이라고 부르기도 한답니다. 개운하고 시원한 국물 맛이 일품인 연포탕은 속풀이 용으로 제격이랍니다.

낙지는 머리를 뒤집어 먹통을 떼어내고, 밀가루, 굵은소금으로 바락바락 주물러 씻어요.

손질한 낙지는 먹기 좋게 5cm 길이로 썰어요.

4인분

□ 낙지 … 3~4마리(중)
□ 무 … 1토막(4cm 높이)
□ 청양고추 … 1개
□ 홍고추 … 1개
□ 대파 … 1/2대
□ 다진 마늘 … 1작은술
□ 밀가루 … 2큰술
□ 굵은소금 … 1큰술
□ 소금 … 약간

□ 멸치육수
　멸치 1줌, 다시마 1장(사방 10cm), 물 8컵

무는 납작하게 썰고, 대파, 청양고추, 홍고추는 어슷썰어요.

냄비에 분량의 멸치육수 재료를 넣고 끓이다가 끓으면 다시마는 건져내고 7~8분간 더 끓여 육수를 걸러요.

멸치육수에 무를 넣고 끓이다가 중불로 줄여 무가 부드럽게 무르면 낙지를 넣어 센불에서 익혀요.

대파, 다진 마늘, 청양고추, 홍고추를 넣고 소금으로 간해 한소끔 끓여요.

전어회무침

전어 굽는 냄새에 집 나간 며느리가 돌아온다는 말이 있을 만큼 가을 전어는 맛이 좋답니다. 싱싱한 전어를 사다가 뼈째 썰어서 회무침을 해보세요. 뼈도 부드러워서 입에서 살살 녹는 것 같아요.

전어는 머리와 지느러미를 잘라내고, 배를 갈라 내장을 말끔히 떼어낸 후 흐르는 물에 깨끗이 씻어 키친타월이나 마른행주로 물기를 닦아요.

손질한 전어는 뼈째 얄팍하게 썰어요.

□ 전어 … 10마리
□ 청양고추 … 2개
□ 홍고추 … 1개
□ 배 … 1/2개
□ 쪽파 … 5대
□ 미나리 … 1줌
□ **양념장**
　고추장 3큰술, 고춧가루 2큰술, 간장 1큰술, 식초 4큰술, 설탕 2큰술, 매실청 3큰술, 다진 마늘 1큰술, 참기름 1큰술, 통깨 2큰술

청양고추, 홍고추는 어슷썰고, 쪽파, 미나리는 5cm 길이로 썰며, 배는 굵직하게 채썰어요.

분량의 양념장 재료를 섞어요.

볼에 전어, 청양고추, 홍고추, 쪽파, 미나리, 배를 넣고 양념장으로 가볍게 버무려요.

새우매운찜

가을은 새우의 계절이에요. 파들파들 싱싱한 왕새우는 쫄깃쫄깃하며 달달한 맛이 일품이지요.
매콤달콤한 양념으로 찜을 하면 술안주나 일품요리로 손색이 없어요.

1 왕새우는 분량의 **밑간** 재료로 밑간해 15분 정도 재워요.

2 밑간한 왕새우는 끓는 물에 새빨리 데 쳐 물기를 빼요.

3 달군 팬에 식용유를 두르고 송송 썬 청양고추와 홍고추, 편으로 썬 마늘을 볶아요.

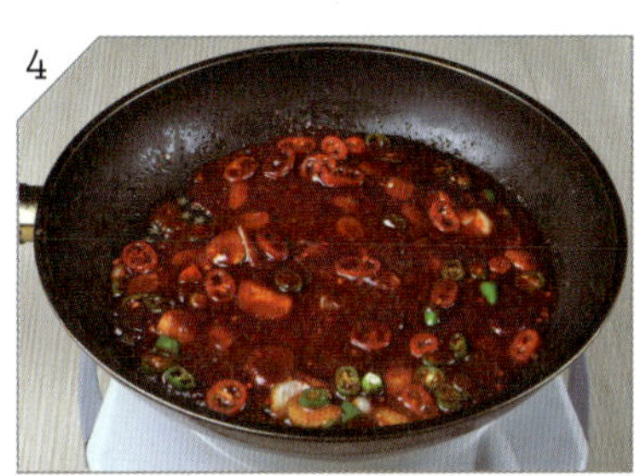

4 팬에 분량의 **양념** 재료를 넣고 바글바 글 끓여요.

5 끓고 있는 양념에 데친 새우를 넣고 재빨리 버무린 후 통깨를 뿌려요.

Ready 4인분

- □ 왕새우 … 15마리
- □ 청양고추 … 2개
- □ 홍고추 … 1개
- □ 통마늘 … 5개
- □ 식용유 … 약간

□ **양념**
간장 4큰술, 고춧가루 5큰술, 매실청 2큰술, 설탕 1큰술, 간 양파 5큰술, 다진 마늘 1큰술, 다진 생강 1작은술

□ **밑간**
청주 2큰술, 후추 약간

꽃게찜

살이 통통하게 오른 가을 꽃게는 살맛이 달큼해요. 한창 맛이 오른 꽃게를 짭조름한 양념장을 만들어 바글바글 끓이면 없던 입맛이 절로 돌아온답니다. 콩나물을 넉넉히 넣어 시원하고 달큼하게 만들어 보세요.

꽃게는 주방용 솔로 껍데기를 문질러
찬물로 깨끗이 헹군 후 배를 잡아당겨
등껍데기를 벗겨 아가미를 떼어내고,
몸통을 2~4등분해요.

콩나물은 깨끗하게 씻고 대파, 청양
고추, 홍고추는 어슷썰며, 미나리는
5~6cm 길이로 썰어요.

2~3인분

□ 꽃게 … 1kg
□ 콩나물 … 2줌
□ 대파 … 1대
□ 청양고추 … 2개
□ 홍고추 … 1개
□ 미나리 … 1줌
□ 물 … 1컵
□ 통깨 · 참기름 · 소금 … 약간씩
□ **양념장**
  고추장 4큰술, 고춧가루 1큰술,
  간장 2큰술, 맛술 2큰술, 다진
  마늘 1큰술, 다진 생강 1/2작은
  술, 물엿 2큰술, 설탕 1큰술, 후
  추 약간
□ **녹말물**
  녹말가루 2큰술, 물 4큰술

냄비에 꽃게를 넣고, 분량의 **양념장**
재료를 섞어 고루 끼얹고 물을 부어
끓여요.

한소끔 끓으면 콩나물, 대파, 청양고
추, 홍고추를 넣고 콩나물이 익을 때
까지 끓여요.

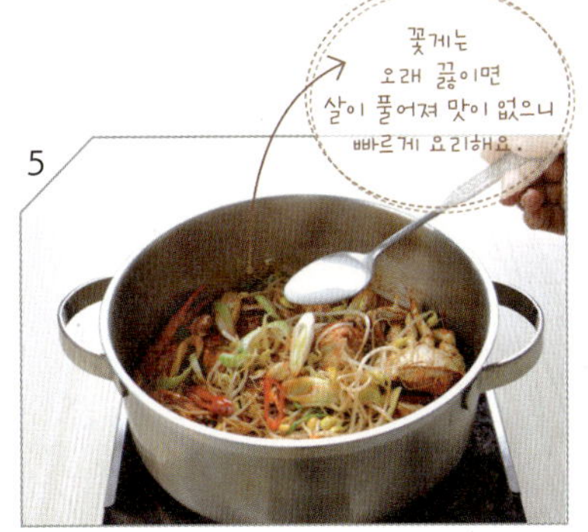

콩나물이 익으면 **녹말물**을 만들어 붓
고 국물이 걸쭉해지면 참기름을 뿌리
고 소금으로 간해요.

미나리를 얹어 숨이 죽으면 접시에 담
고 통깨를 뿌려요.

해물파전

쪽파의 맛이 달콤하게 오른 가을엔 해물파전을 빼놓지 마세요. 피자처럼 도톰해야 더 맛있는 해물파전
은 팬을 알맞게 달구어 바삭바삭 고소하게 부쳐내어야 제맛이에요.

1

오징어는 먹기 좋은 크기로 채썰고, 새우와 굴은 소금을 약간 넣은 물에 흔들어 씻어 각각 청주를 넣은 끓는 물에 살짝 데쳐 물기를 빼요.

2

쪽파는 깨끗이 다듬어 길이를 가지런히 정리한 후 밀가루를 솔솔 뿌려요.

□ 쪽파 ··· 40뿌리
□ 오징어 ··· 1마리
□ 새우(칵테일새우) ··· 100g
□ 굴 ··· 1봉지(120g)
□ 달걀 ··· 2개
□ 청양고추 ··· 2개
□ 홍고추 ··· 1개
□ 밀가루 · 식용유 ··· 적당량
□ 소금 ··· 약간
□ 반죽
  부침가루 1+1/3컵, 물 1+1/2컵,
  소금 약간
□ 해물 데칠 물
  물 3컵, 청주 4큰술

3

볼에 분량의 반죽 재료를 섞어 넣고 반죽해요.

4

달군 팬에 식용유를 넉넉히 두르고 약불로 줄이고, 쪽파를 올리고 반죽을 고루 올려요.

5

데친 해물을 고루 얹어요.

6

달걀을 풀어 뿌리고, 어슷썬 청양고추, 홍고추를 얹은 후 약불에서 바삭해지도록 천천히 부쳐요.

굴국

서양에서는 굴을 '바다의 우유'라 하며, 강장제로 여겼다고 해요. 탱글탱글 싱싱한 굴이 제철인 겨울에는
뜨끈하게 굴국을 끓여보세요. 국물이 시원하고 개운해 속풀이 용으로 그만이에요.

1

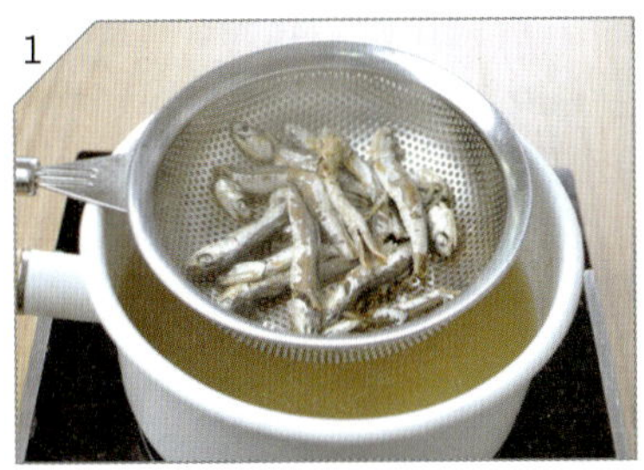

냄비에 분량의 멸치육수 재료를 넣고 끓이다 끓으면 다시마는 건지고, 7~8분간 더 끓인 후 멸치를 건져요.

2

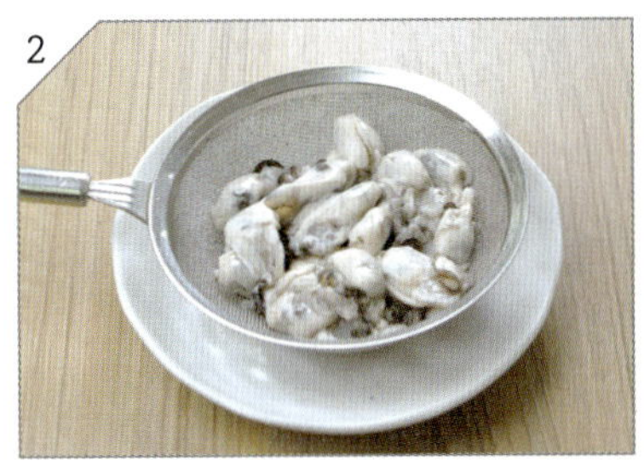

굴은 옅은 소금물에 흔들어 씻은 후 물기를 빼요.

3

무는 나박썰고, 대파, 청양고추, 홍고추는 어슷썰어요.

4

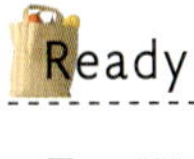

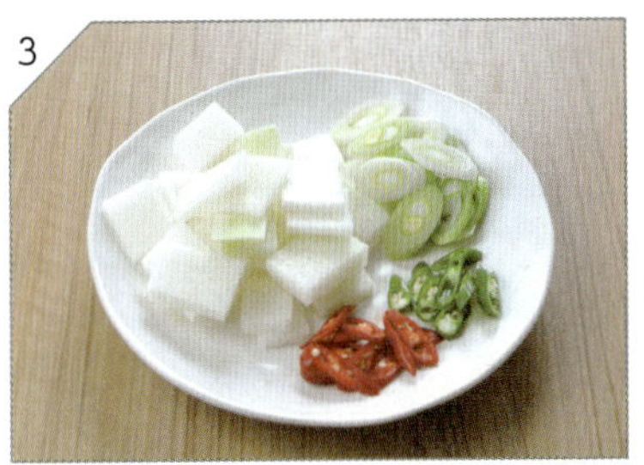

멸치육수에 무를 넣고 끓이다가 중불로 줄여 무가 무를 때까지 끓여요.

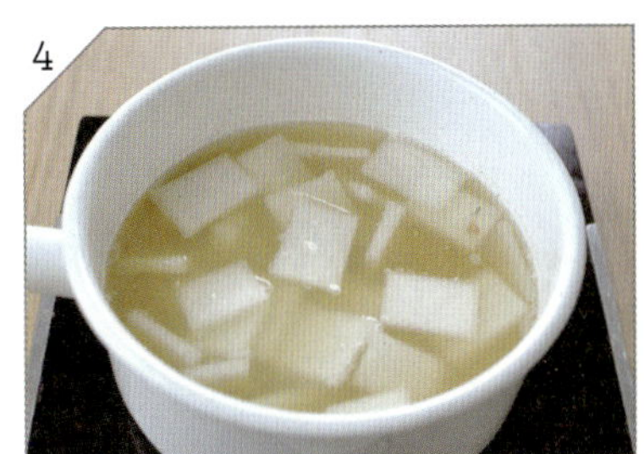

5

무가 푹 무르면 굴을 넣고 끓여요.

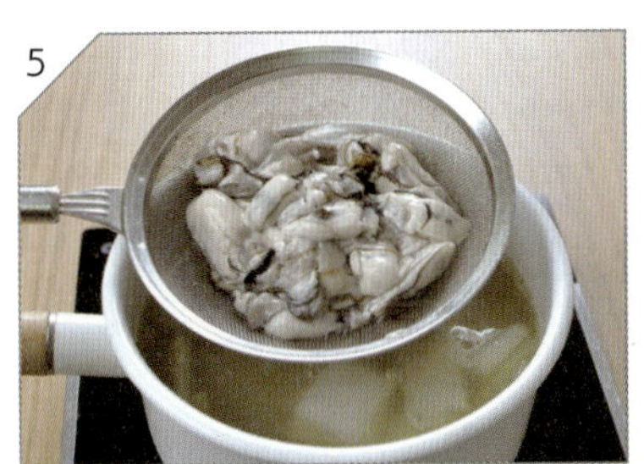

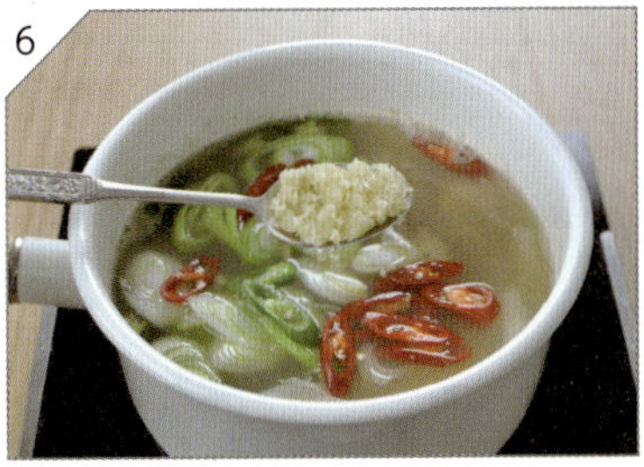

6

굴이 익으면 대파, 청양고추, 홍고추, 다진 마늘, 청주를 넣고 한소끔 끓여요. 모자라는 간은 소금으로 맞춰요.

Ready

2인분

- □ 굴 … 200g
- □ 무 … 1/4개(250g)
- □ 대파 … 1/2대
- □ 청양고추 … 1개
- □ 홍고추 … 1/2개
- □ 다진 마늘 … 1/2큰술
- □ 청주 … 2큰술
- □ 소금 … 약간
- □ 멸치육수
  멸치 1줌, 다시마 1장(사방 10cm), 물 5컵

굴무침

바다 내음이 물씬 나는 굴과 갖가지 풋
풋한 채소를 더해 조물조물 무쳐놓으니
젓가락이 저절로 가네요. 향긋하고 시원
한 맛이 모두의 입맛을 사로잡아요.

Ready

- □ 생굴 … 400g
- □ 달래 … 1줌
- □ 무 … 100g
- □ 당근 … 1/2개
- □ 대파 … 1/2대
- □ 소금 … 약간

- □ **굴 밑간**
  멸치액젓 1큰술, 다진 마늘 1/3
  큰술, 청주 1큰술

- □ **양념**
  고춧가루 3큰술, 다진 마늘 1/2
  큰술, 생강즙(또는 생강가루) 1/2
  작은술, 멸치액젓 1/2큰술, 설탕
  1큰술, 레몬즙 1큰술, 통깨 1큰
  술, 소금 약간

1

달래는 뿌리를 다듬어 깨끗이 씻어
5cm 길이로 썰고, 당근, 대파는 어
슷썰고, 무는 나박썰어요.

2

굴은 옅은 소금물에 흔들어 씻어 분
량의 **굴 밑간** 재료로 밑간해 10분
정도 재워요.

3

밑간해둔 굴에 분량의 **양념** 재료를
넣고 조물조물 무쳐요.

4

달래, 무, 당근, 대파를 넣고 가볍게
버무리고 모자라는 간은 소금으로
맞춰요.

홍합탕

홍합은 경제적인 가격에 맛이 구수하고 쫄깃하며, 영양가도 높아 겨울철 효자 식품이에요. 재빨리 간단하게 끓여서 시원한 국물 맛을 볼 수 있으니 더욱 효자예요.

Ready `2인분`

- 홍합 … 1kg
- 청양고추 … 2개
- 홍고추 … 1개
- 대파 … 1/2대
- 통마늘 … 6개
- 청주 … 1큰술
- 물 … 4컵

1

홍합은 흐르는 물에 깨끗이 씻어 지저분한 잔털은 가위로 제거해요.

2

냄비에 홍합, 홍합이 잠길 정도의 물 4컵을 붓고 청주와 편으로 썬 마늘을 넣어 끓여요.

3

국물이 팔팔 끓으면서 홍합의 입이 벌어지기 시작하면 국자로 거품을 걷어내요.

4

어슷썬 청양고추, 홍고추, 대파를 넣고 뒤적여 채소의 숨이 죽으면 불을 꺼요.

등갈비김치찜

새콤하게 잘 익은 김치와 등갈비의 만남, 한국인이라면 모두 공감하는 맛이랍니다. 밥 한 공기를 금방
비우게 하는 밥도둑이지요. 김장김치가 시큼할 때 꼭 만들어보세요.

1 등갈비는 찬물에 1시간 이상 담가 핏물을 뺀 후 뼈 사이에 칼집을 내요.

2 냄비에 분량의 등갈비 데칠 때 재료와 등갈비를 넣고 5분간 삶아서 따뜻한 물에 헹궈요.

3 데친 등갈비에 분량의 등갈비 양념 재료를 섞어 고루 발라 간이 배도록 20분간 재워요.

4 넓은 냄비에 등갈비와 썰지 않은 포기김치를 넣고 멸치육수를 붓고 뚜껑을 덮어 끓이다가 중불로 줄여 30분간 푹 끓여요.

5 어슷썬 대파, 청양고추, 홍고추를 넣고 한소끔 더 끓여요.

Ready `2인분`

- [ ] 돼지등갈비 … 1대(450g)
- [ ] 포기김치 … 1/4포기
- [ ] 청양고추 … 2개
- [ ] 홍고추 … 1개
- [ ] 대파 … 1/2대
- [ ] 멸치육수 … 4컵

- [ ] 등갈비 데칠 때
  월계수잎 3장, 통후추 1작은술, 청주 5큰술, 물 5컵

- [ ] 등갈비 양념
  고춧가루 3큰술, 다진 마늘 1큰술, 참기름 1/2큰술, 김칫국물 1/2컵, 청주 2큰술, 후추 약간

시래깃국

시래기는 예전에 먹을 것이 없어서 궁여지책으로 먹던 먹거리지만, 최근엔 겨울철 웰빙 먹거리로 사랑
받고 있어요. 구수한 된장과 궁합이 잘 맞는 시래깃국으로 구수하고 푸근한 겨울을 나보세요.

1

잘 말린 시래기는 물을 넉넉히 붓고 2~3시간 정도 충분히 삶은 후 하룻밤 정도 물에 담가둬요.

2

냄비에 분량의 멸치북어육수 재료를 넣고 끓이다가, 끓으면 다시마는 건져 내고 20분간 더 끓여 육수를 걸러요.

3

삶은 시래기는 여러 번 헹궈 6~7cm 길이로 썰어, 분량의 시래기 양념 재료로 조물조물 무쳐 간이 배도록 잠시 재워요.

4

멸치북어육수가 끓으면 밑간해 재워 둔 시래기를 넣고 중불에서 20분 정도 푹 끓여요.

5

어슷썬 대파를 넣고 국간장으로 간을 맞춰 한소끔만 더 끓여요.

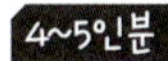

Ready 4~5인분

□ 시래기 … 2줌(250g)
□ 대파 … 1/2대
□ 국간장 … 약간

□ 시래기 양념
된장 4큰술, 국간장 2큰술, 다진 마늘 1큰술

□ 멸치북어육수
멸치 1줌, 북어포 1줌, 다시마 1장(사방 10cm), 물 1ℓ, 청주 2큰술

아귀찜

못생겨도 맛은 좋은 아귀는 담백하고 쫄깃하며 열량과 지방이 적어 다이어트 식품으로 사랑받고 있어
요. 매콤달콤한 양념으로 더욱 맛깔스러워진 아귀찜, 오늘 저녁 메뉴로 어떠세요?

1

아귀는 쓸개 등 못 먹는 내장을 떼어
내고 옅은 소금물에 씻어 먹기 좋게
썰어 물기를 빼요. 분량의 **아귀 밑간**
재료로 밑간해 30분 정도 재워 비린내
와 잡내를 제거해요.

2

미나리는 5cm 길이로 썰고, 청양고
추, 홍고추, 대파는 어슷썰어요. 콩나
물은 깨끗이 씻어 끓는 물에 살짝 데
쳐요.

3

팬에 아귀와 아귀가 잠길 정도로 물을
붓고 끓이다 끓어오르면 불을 끄고 삶
은 물을 1컵 정도만 남기고 나머지는
따라 버려요.

4

팬에 삶은 아귀와 미나리, 청양고추,
홍고추, 대파를 넣고, 분량의 **양념장**
재료를 섞어 넣고 아귀가 익을 정도로
만 살짝 끓여요.

5

데친 콩나물을 뒤섞고, **녹말물**을 만들
어 섞어 걸쭉하게 만든 후 참기름, 통
깨, 후추를 뿌려요.

Ready `4~5인분`

- □ 아귀 … 1마리(900g)
- □ 콩나물 … 1봉지(300g)
- □ 미나리 … 1줌
- □ 청양고추 … 2개
- □ 홍고추 … 1개
- □ 대파 … 1/2대
- □ 참기름 … 2큰술
- □ 통깨 … 2큰술
- □ 소금 · 후추 … 약간씩

□ **아귀 밑간**
청주 2큰술, 소금 1/2큰술

□ **양념장**
간장 4큰술, 굴소스 2큰술, 고
춧가루 6큰술, 매실청 3큰술(또
는 설탕 2큰술), 간 양파 6큰술,
다진 마늘 3큰술, 다진 생강 1작
은술

□ **녹말물**
녹말가루 2큰술, 물 4큰술

쇠고기떡국

설날 아침에 먹는 떡국 한그릇으로 나이 한 살을 더 먹는다죠? 설날뿐 아니라 평소에도
즐겨 먹는 떡국을 더욱 구수하고 부드럽게 끓여보세요.

□ 쇠고기(양지) … 150g
□ 떡국 떡 … 3줌(300g)
□ 다시마물 … 5컵
□ 달걀 … 1개
□ 대파 … 1대
□ 다진 마늘 … 1/2큰술
□ 마른 김 … 1장
□ 국간장 … 1큰술
□ 참기름 … 1큰술
□ 소금 · 후추 … 약간씩

Cooking Tip

다시마(사방 10cm) 1장에 물 5컵을 붓고 30분 간 우려 다시마물을 만들어요.

1 국거리용 쇠고기를 알맞게 썰어 키친 타월로 핏물을 닦아낸 후 냄비에 참기름을 두르고 달달 볶아요.

2 쇠고기가 익기 시작하면 다시마물 5컵을 붓고 끓이다가, 끓으면 중불로 줄여 20분가량 푹 끓여요.

3 쇠고기육수가 충분히 우러나면 물에 담가두었던 떡국 떡을 넣고 끓여요. 떡이 익어서 위로 동동 떠오를 때까지 끓여요.

4 떡이 부드럽게 익으면 어슷썬 대파, 다진 마늘, 국간장을 넣고 소금, 후추로 간을 맞춰요.

5 달걀은 흰자, 노른자를 분리해 각각 지단을 부쳐 1cm 폭으로 썬 후 비스듬하게 마름모꼴로 썰어 떡국에 얹고 잘게 채썬 김을 올려요.

갈비찜

명절 상차림이나 손님 상차림에는 언제나 갈비찜이 빠지지 않아요. 알맞게 잘 익은 갈
비찜은 누구나 좋아하는 음식이랍니다. 재료 하나하나 정성을 들여 만든 갈비찜으로
손끝 야물다는 소리 들어보세요.

□ 소갈비 … 1kg
□ 무 … 1/3개(200g)
□ 당근 … 1개
□ 밤 … 8개
□ 대추 … 8개
□ 잣 … 2큰술
□ 소금 … 약간
□ **갈비 데칠 때**
   월계수잎 3장, 청주 2큰술

□ **양념장**
간장 10큰술, 배 1/2개 간 것, 양파 1개 간 것, 청주 4큰술, 맛술 5큰술, 다진 파 3큰술, 다진 마늘 2큰술, 설탕 2큰술, 참기름 2큰술, 다진 생강 1작은술, 매실청 3큰술, 통깨 1/2큰술, 후추 1/2작은술

1 소갈비는 찬물에 3시간 이상 담가 핏물을 빼고 먹기 좋게 뼈와 반대방향으로 칼집을 내요.

2 냄비에 소갈비, 분량의 **갈비 데칠 때** 재료를 넣고 재료들이 잠길 만큼 물을 붓고 한소끔만 끓여요. 소갈비는 뜨거운 물로 가볍게 헹궈 물기를 빼요.

3 분량의 **양념장** 재료를 섞어 갈비를 고루 버무려 냉장고에서 2시간 이상 재워요. 갈비의 양이 많다면 하룻밤 정도 재우는 것이 좋아요.

4 무, 당근은 토막 낸 후 둥글게 모서리를 깎고, 밤, 대추도 준비해요.

5 큰 냄비에 재워둔 갈비와 물 3컵을 붓고 끓이다가, 중불로 줄여 국물이 절반 정도 줄 때까지 30분간 끓여요.

6 국물이 줄어들고 갈비가 무르면 무, 당근을 넣고 무가 무를 때까지 끓이다가 밤, 대추를 넣고 한소끔 더 끓여요. 모자라는 간은 소금으로 맞추고 상에 낼 때 잣을 뿌려내요.

녹두빈대떡

고소한 녹두를 갈아 만들어 어른, 아이 모두에게 인기 있는 빈대떡은 명절에 더욱 빛을
발한답니다. 먹음직스럽게 노릇노릇 부쳐놓으면 젓가락이 절로 가요.

Ready

- □ 깐 녹두 ··· 2컵(360g)
- □ 김치 ··· 1컵(300g)
- □ 돼지고기 ··· 200g
- □ 숙주 ··· 2줌(150g)
- □ 고사리 ··· 1.5줌(120g)
- □ 홍고추 ··· 1개
- □ 대파 ··· 1/2대
- □ 찹쌀가루 ··· 3큰술
- □ 물 ··· 1.5컵
- □ 식용유 ··· 적당량
- □ 고명 밑간
  국간장 2큰술, 다진 마늘 1큰술,
  청주 1큰술, 참기름 1큰술, 후
  추·소금 약간씩

1 녹두는 깨끗이 씻어 찬물에서 4시간 이상 불려요. 헹굴 때 손으로 문질러 껍질을 벗겨요.

2 숙주와 고사리는 데쳐서 물기를 짜요. 대파, 홍고추는 어슷썰고, 김치는 꼭 짜서 송송 썰며, 돼지고기는 잘게 다져요.

3 김치, 돼지고기, 숙주, 고사리, 대파를 한데 담고 고명 밑간 재료를 넣어 조물조물 무쳐 30분간 재워요.

4 믹서기에 녹두와 물 1.5컵을 넣고 곱게 갈아요.

5 밑간해둔 고명에 녹두 간 것과 찹쌀가루를 잘 섞어요.

6 달군 팬에 식용유를 두르고 반죽을 도톰하게 펼치고 홍고추, 대파를 모양내어 얹어요. 이때 타지 않도록 중불에서 천천히 노릇노릇하게 부쳐요.

나박김치

배추와 무를 나박하게 썰어 담그는 나박김치는 설날이나 추석에 꼭 챙겨야 할 김치죠.
상큼하고 개운한 국물맛이 일품인 나박김치는 담그기도 쉬워 가끔 담가 먹어요.

Ready

- ☐ 배추속대 … 10장(500g)
- ☐ 무 … 1/4개(300g)
- ☐ 오이 … 1개
- ☐ 당근 … 1개
- ☐ 홍고추 … 1개
- ☐ 미나리 … 10대

- ☐ **절일 때**
  물 7컵, 굵은 소금 2/3컵
- ☐ **국물**
  생수 10컵, 고춧가루 2큰술, 마늘즙 2큰술, 생강즙 1큰술, 소금 2큰술, 설탕 1큰술, 매실청 1큰술

나박김치는 여름철에는 하루 정도, 겨울철에는 2~3일 정도 실온에서 숙성시켜 냉장 보관해서 먹어요.

1 배추는 사방 2.5cm 크기로 나박썰고, 무도 같은 크기로 나박썰어요.

2 분량의 **절일 때** 재료를 잘 섞어 배추와 무에 각각 나눠 붓고 절여요. 배추는 40분간, 무는 30분간 절인 후 헹궈 물기를 빼요.

3 미나리는 4cm 길이로 썰고 홍고추는 채썰며, 오이, 당근은 얇게 동글동글 썰어요.

4 **국물** 재료 중 고춧가루를 제외한 모든 재료를 섞어요.

5 고춧가루 2큰술을 면보에 싸서 4의 국물에 살살 흔들어 풀어요.

6 밀폐용기에 절인 배추, 절인 무, 오이, 당근, 홍고추, 미나리를 고루 섞어 담고 5의 김칫국물을 부어요.

삼색나물

명절 차례상에는 언제나 삼색나물이 올라가요. 부드럽고 감칠맛나게 무쳐낸 나물 한 접시가 밥맛 나게 하지요.

고사리나물
- ☐ 고사리 … 2줌(200g)
- ☐ 국간장 … 1큰술
- ☐ 다진 파 … 2큰술
- ☐ 다진 마늘 … 1/2큰술
- ☐ 맛술 … 1큰술
- ☐ 들기름 … 1큰술
- ☐ 멸치육수 … 1/4컵
- ☐ 참기름 … 1/2큰술
- ☐ 통깨 · 소금 … 약간씩

시금치나물
- ☐ 시금치 … 1단(180g)
- ☐ 국간장 … 1큰술
- ☐ 다진 파 … 2큰술
- ☐ 다진 마늘 … 1큰술
- ☐ 맛술 … 1큰술
- ☐ 참기름 … 1큰술
- ☐ 통깨 · 소금 … 약간씩

도라지나물
- ☐ 도라지 … 2줌(200g)
- ☐ 다진 마늘 … 1/2큰술
- ☐ 다진 생강 … 1/2작은술
- ☐ 맛술 … 1큰술
- ☐ 소금 … 1/2작은술
- ☐ 참기름 … 1큰술
- ☐ 멸치육수 … 1/4컵
- ☐ 굵은소금 … 약간
- ☐ 통깨 · 식용유 … 약간씩

1

고사리는 억센 줄기를 잘라내고 먹기 좋게 썰어 국간장, 다진 파, 다진 마늘, 맛술을 넣고 조물조물 무쳐요.

2

달군 팬에 들기름을 두르고 고사리를 넣고 살짝 볶다가 멸치육수를 붓고 중불로 줄여 뚜껑을 덮고 국물이 자작하게 졸아들 때까지 익혀요. 참기름, 통깨를 넣고 소금으로 간해요.

3

시금치는 뿌리를 다듬어 여러 번 씻어 끓는 물에 소금을 약간 넣고 살짝 데쳐서 찬물에 헹궈 가볍게 물기를 짜요.

4

볼에 시금치, 국간장, 다진 파, 다진 마늘, 맛술, 참기름, 통깨, 소금을 넣고 손끝으로 가볍게 무쳐요.

5

도라지는 굵은소금을 뿌려 바락바락 문질러 씻어 찬물에 30분간 담가 쓴맛을 빼고 다진 마늘, 다진 생강, 맛술, 소금을 넣고 조물조물 무쳐요.

6

달군 팬에 식용유를 두르고 도라지를 잠시 볶다가 멸치육수를 붓고 졸이다가 통깨, 참기름을 넣어요.

오곡밥

오곡밥은 다섯 가지 곡식을 섞어 지은 밥으로 매년 정월 대보름날 풍농을 기원하며 먹
기 때문에 보름밥이라고도 한답니다. 갖가지 곡물을 섞어 건강에도 좋으니 평소에 건강
식으로 즐겨보세요.

Ready

- 멥쌀 … 2컵
- 찹쌀 … 2컵
- 수수 … 1컵
- 검은콩 … 1/2컵
- 차조 … 1/2컵
- 팥 … 1/2컵
- 소금 … 1작은술
- 물 … 3+1/2컵
  (물과 팥 삶은 물을 포함한 양)

1

멥쌀과 찹쌀은 깨끗이 씻어 찬물에 1시간 이상 불려요.

2

검은콩은 깨끗이 씻어 찬물에 3시간 정도 불려요.

3

차조와 수수도 깨끗이 씻어 1시간 이상 불려요.

4

냄비에 깨끗이 씻은 팥과 찬물을 넉넉히 붓고 우르르 끓어오르면 물을 따라 버리고 새로운 찬물을 팥의 20배가량 부어서 30분간 팥이 무를 때까지 끓여요.

5

삶은 팥은 따로 건져두고, 팥 삶은 물은 밥물로 이용하기 위해 소금 1작은술을 넣어 간해요.

6

밥솥에 준비한 멥쌀, 찹쌀, 수수, 콩, 팥을 모두 넣고, 입자가 작은 차조는 가장 위에 올린 후 물과 팥 삶은 물을 붓고 밥을 지어요.

쇠고기뭇국

뭇국은 쇠고기육수로 끓여야 깊은 맛이 제대로 어우러집니다. 또한 깊고 단맛이 나는 가을무로 끓이는 것이 가장 맛나지요. 대보름날 오곡밥과 함께 먹는 뭇국은 소화를 돕고 오곡밥과 아주 잘 어울려요.

□ 쇠고기(양지) … 150g
□ 무 … 1/4개(200g)
□ 대파 … 1/2대
□ 다시마 … 1장(사방 10cm)
□ 참기름 … 1/2큰술
□ 물 … 6컵
□ 소금 · 후추 … 약간씩

□ 고기 양념
국간장 1큰술, 다진 마늘 1큰술, 생강가루 1/2작은술, 참기름 1작은술, 후추 약간

1. 무는 사방 2.5cm 크기로 나박썰어요.

2. 쇠고기는 결의 반대방향으로 먹기 좋게 썰어 키친타월로 눌러 핏물을 제거하고 분량의 고기 양념 재료로 무쳐 20분간 재워요.

3. 달군 냄비에 참기름을 두르고 양념해둔 쇠고기를 달달 볶아요.

4. 쇠고기가 익기 시작하면 무를 넣고 볶아요.

5. 무가 투명해지기 시작하면 다시마와 물 6컵을 붓고 끓여요. 끓기 시작하면 중불로 줄여서 5분간 더 끓이다가 다시마를 건져내고 다시 15분간 끓여요.

6. 쇠고기육수가 구수하게 우러나면 어슷썬 대파를 넣고 소금, 후추로 간해 한소끔 더 끓여요.

묵은 나물볶음

정월 대보름에는 오곡밥과 함께 겨우내 손수 말려두었던 나물을 먹으며 풍년을 기원했다
고 해요. 묵은 나물은 쫄깃쫄깃한 식감과 깊고 구수함이 배어 있어 밥맛을 살리는 소중한
먹거리가 된답니다.

□ 고사리 … 200g
□ 취나물 … 200g
□ 도라지 … 200g
□ 호박오가리 … 200g
□ 말린 가지 … 200g
□ 식용유 … 약간

□ 고사리, 호박오가리, 말린 가지 양념(각각)
국간장 1.5큰술, 다진 파 2큰술, 다진 마늘 1큰술, 참기름 2큰술, 멸치육수 2/3컵, 통깨 1큰술, 소금·후추 약간씩

□ 취나물, 도라지 양념(각각)
국간장 1큰술, 다진 파 2큰술, 다진 마늘 1큰술, 참기름 1큰술, 통깨 1큰술, 소금 1/2작은술

1
고사리, 취나물, 도라지는 각각 찬물에 하룻밤 정도 담가 불린 후 깨끗이 헹궈 넉넉한 물을 붓고 2시간 정도 삶아요. 삶은 나물은 다시 찬물에 4~5시간 담가 우려요.

2
말린 가지, 호박오가리는 찬물에 6시간 정도 담가 불린 후 깨끗이 헹궈 넉넉히 물을 붓고 30분간 삶아 찬물에 30분간 우려요.

3
고사리, 호박오가리, 말린 가지는 멸치육수를 뺀 나머지 양념 재료로 조물조물 무쳐요.

4
취나물, 도라지는 분량의 양념 재료로 양념해 식용유를 살짝 두른 달군 팬에 부드럽게 볶아요.

5
양념한 고사리나물, 호박오가리, 말린 가지는 각각 식용유를 두른 팬에서 볶다가 멸치육수를 2/3컵을 붓고 부드럽게 무르도록 뚜껑을 덮고 익혀요.

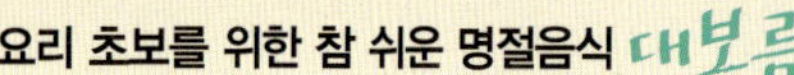

약식

정월 대보름에 절식으로 만들어 먹었던 약식을 요즘은 간식이나 별식으로 먹고 싶을 때
휘리릭 만들곤 하지요. 찜통에 두 번씩이나 쪄서 만들던 예전과는 달리 전기밥솥에 밥
을 짓듯 만들 수 있어 가끔 해먹기 좋아요.

Ready

- 찹쌀 … 5컵(불리기 전)
- 밤 … 10개
- 호두 … 1줌
- 대추 … 10개
- 잣 … 2큰술
- 물 … 2컵

- **양념**
  흑설탕 1컵, 꿀 3큰술, 간장 9큰술, 참기름 6큰술, 계피가루 2큰술

Cooking Tip

약식이 식은 후 칼에 물을 묻혀가며 원하는 크기로 썰어요. 손으로 성형할 때는 참기름을 살짝 묻혀 모양내요. 한김 식힌 약식은 모양틀을 이용해서 찍어내거나 먹기 좋은 크기로 동그랗게 뭉쳐도 좋아요.

1
찹쌀은 깨끗이 씻어 찬물에 6시간 정도 불려요.

2
밤, 호두는 껍질을 벗겨 잘게 썰고, 대추는 씨를 제거하고 잘게 썰어요. 잣도 준비해요.

3
밥솥에 불린 찹쌀을 넣고 분량의 **양념** 재료를 넣어 간이 고루 배게 충분히 뒤섞어요.

4
양념된 찹쌀에 밤, 호두, 대추, 잣을 넣어 섞고 밥을 짓듯이 알맞게 물을 부어 밥을 지어요.

5
완성된 약식은 넓은 밀폐용기에 평평하게 꼭꼭 눌러 모양을 잡고 한김 식으면 먹기 좋게 썰어요.

송편

예전엔 추석이면 집집마다 어른, 아이 할 것 없이 모두 모여 송편을 빚었어요. 요즘엔
송편을 사먹는 경우가 많지만 미리미리 재료를 준비해 정성을 담아 우리 집만의 송편을
빚어보세요.

Ready

- □ 쌀가루 … 800g(8컵)
- □ 단호박가루 … 1.5큰술
- □ 자색고구마가루 … 2.5큰술
- □ 녹차가루 … 1.5큰술
- □ 솔잎 … 2줌
- □ 참기름 … 2큰술
- □ 포도씨유 … 2큰술

- □ **뜨거운 물**
  각각의 송편마다 … 10큰술씩
- □ **송편소**
  통깨 1/2컵, 꿀 2큰술, 설탕 1큰술, 소금 1작은술

1
쌀가루 800g을 200g(2컵)씩 나누어서 단호박가루, 자색고구마가루, 녹차가루를 넣고 섞어요. 나머지 하나는 흰송편을 만들어요.

2
각각의 가루에 뜨거운 물 10큰술씩을 고루 끼얹어 양손으로 비벼가며 익은 덩어리를 풀고 손으로 치대어 익반죽해요. 치댈수록 더욱 결이 고와져요.

3
반죽이 끝나면 비닐랩이나 위생봉투에 넣어 각각의 반죽을 넣어 30분 정도 재워요.

4
통깨는 곱게 빻아서 꿀, 설탕, 소금을 넣어 고루 섞어 송편소를 만들어요.

5
송편 반죽을 길게 말아서 밤톨만 하게 잘라 편편하게 펼쳐 송편소를 넣고 동그랗게 오므려 모양내어 빚어요. 이때 각각의 색을 섞어 꽃모양을 만들어 붙이면 보기 좋은 떡이 된답니다.

6
찜기에 면보를 깔고 솔잎을 얹은 후, 송편이 서로 달라붙지 않도록 얹고 김이 오른 찜통에 찜기를 넣어 15~20분간 쪄요. 찐 송편은 찬물에 헹궈 물기를 빼고 참기름과 포도씨유를 섞어 고루 묻혀요.

토란국

뽀얗고 살이 통통하며 영양 많은 땡글땡글한 토란. 그래서 알토란이란 말도 있다죠. 옛
문헌에도 기록되어 있을 만큼 대표적인 가을 절기 음식이에요. 뽀얗게 끓인 토란국은
마음마저 푸근하게 해요.

Ready

- □ 토란 … 700g
- □ 쇠고기 … 200g
- □ 무 … 300g
- □ 대파 … 1/2대
- □ 다진 마늘 … 1큰술
- □ 국간장 … 3큰술
- □ 소금 … 약간
- □ 참기름 … 1큰술
- □ 물 … 8컵

- □ **토란 삶을 때**
  쌀뜨물 1ℓ, 소금 약간
- □ **쇠고기 밑간**
  국간장 1큰술, 청주 1큰술, 다진 마늘 1/2큰술, 참기름 1/2큰술, 후추 약간

1 토란은 껍질째 끓는 물에 살짝 데쳐 껍질을 벗겨요. 작은 것은 그대로 이용하고, 큰 것은 먹기 좋게 썰어요.

2 냄비에 **토란 삶을 때** 재료를 넣고 끓으면 토란을 넣어 10분간 삶아 찬물에 헹궈 물기를 빼요.

3 쇠고기는 한입 크기로 썰어 분량의 **쇠고기 밑간** 재료로 밑간해 잠시 재워요.

4 냄비에 참기름을 살짝 두르고 쇠고기를 달달 볶아요.

5 나박썬 무와 토란을 넣고 볶다가 물을 붓고 끓이다. 끓으면 중불로 줄여 토란이 푹 무르도록 끓여요.

6 토란이 푹 무르고 국물이 뽀얗게 우러나면 어슷썬 대파, 다진 마늘, 국간장을 넣어 끓이고 모자라는 간은 소금으로 맞춰요.

떡갈비

기름기가 적당히 배인 갈빗살을 곱게 다져 맛깔스러운 양념으로 만든 떡갈비. 더 특별
하게 만들기 위해 갈비뼈를 그대로 살려 빚고, 몸에 좋은 홍삼액으로 만든 홍삼소스까
지 끼얹어 보양 떡갈비로 다시 태어났어요.

□ 소갈비 … 500g
□ 잣가루 … 2큰술
□ 식용유 … 약간
□ **양념**
간장 4큰술, 설탕 2큰술, 청주 1큰술, 맛술 1큰술, 다진 파 2큰술, 다진 마늘 1큰술, 양파즙 2큰술, 배즙 3큰술, 생강가루 1/2작은술, 참기름 1큰술, 깨소금 1큰술, 후추 약간

□ **홍삼소스**
홍삼액 2큰술, 간장 1큰술, 굴소스 1큰술, 꿀 1큰술, 맛술 1큰술, 녹말물(녹말가루 1/2큰술, 물 1큰술), 물 5큰술

1
갈비는 4~5cm 길이로 토막 내 갈비에 붙은 기름기와 힘줄은 제거하고 찬물에 1시간 정도 담가 핏물을 제거해요.

2
핏물을 뺀 갈비는 뼈와 갈빗살을 따로 분리해요.

3
발라낸 갈빗살은 칼로 곱게 다져요.

4
다진 갈빗살에 분량의 **양념** 재료를 넣고 끈기가 생기도록 잘 치대요.

5
갈비뼈에 4에서 남겨둔 양념 2큰술을 바르고 갈빗살을 꼼꼼히 붙여 냉장고에서 3시간 이상 숙성시켜요. 숙성되는 동안 냄비에 녹말물을 제외한 **홍삼소스** 재료를 넣고 끓이다 끓으면 녹말물을 넣고 약불로 줄여 걸쭉해 질때까지 끓여요.

6
달군 팬에 식용유를 두르고 떡갈비를 얹어 중약불에서 앞뒤로 노릇노릇 구워요. 접시에 떡갈비를 담고 홍삼소스, 잣가루를 뿌려요.

모듬전

명절이면 집집마다 전 부치는 고소한 냄새가 진동하죠. 얌전하게 부쳐놓은 전은 주부의 솜씨를 말해주기도 하지요. 채소전, 생선전, 고기전은 꼭 준비해야 하는 삼색전이라 더욱 정성을 다했어요.

호박전
- 애호박 … 1개
- 홍고추 … 1/2개
- 쑥갓 … 약간
- 달걀 … 1개
- 밀가루 · 소금 … 약간씩
- 식용유 … 적당량

생선전
- 동태살 … 200g
- 달걀 … 1개
- 밀가루 … 약간
- 소금 · 후추 … 약간씩
- 식용유 … 적당량

고기전
- 다진 돼지고기 … 200g
- 다진 마늘 … 1큰술
- 생강즙 … 1/3큰술
- 청주 … 1큰술
- 참기름 · 통깨 … 1큰술씩
- 달걀 … 1개
- 밀가루 · 소금 · 후추 … 약간씩
- 식용유 … 적당량

전을 부칠 때는 기름을 넉넉히 두르고 중간에 군기름을 붓는 일이 없도록 해요. 한쪽 면이 완전히 익으면 뒤집어 반대쪽 면을 익혀야 물기 없이 바삭하게 부칠 수 있어요.

1. 애호박은 0.7cm 두께로 도톰하게 썰어 소금 솔솔 뿌려 10분간 재운 후 호박에 생긴 물기를 키친타월로 닦아요.

2. 얇게 포를 뜬 동태살은 소금, 후추를 솔솔 뿌려 20분간 재워요.

3. 다진 돼지고기에 다진 마늘, 생강즙, 청주, 참기름, 통깨, 소금, 후추로 밑간해서 끈적임이 생길 때까지 5분간 손으로 치대요.

4. 고기반죽은 동글납작하게 모양내어 빚어요.

5. 호박, 동태살, 고기는 각각 밀가루옷을 가볍게 입혀 푼 달걀을 묻혀요.

6. 식용유를 두른 달군 팬에 호박전, 생선전, 고기전을 각각 차례대로 부쳐요. 호박전에는 동글동글 썬 홍고추와 쑥갓잎을 얹어 모양내요.

수수부꾸미

부꾸미는 기름에 지진 떡을 말해요. 수수부꾸미는 찹쌀가루와 수수가루로 반죽해서 기름에 지지다가, 팥고물을 넣어 반달모양으로 부치는 전통음식입니다. 뜨거울 때 먹으면 부드럽게 늘어지는 수수찹쌀떡의 맛을 볼 수 있지요. 예전에 할머니께서 자주 해주시던 추억의 간식이랍니다.

Ready

15개 분량

- □ 찹쌀가루 … 2컵
- □ 수수가루 … 2컵
- □ 소금 … 1작은술
- □ 뜨거운 물 … 2컵
- □ 대추 … 4개
- □ 쑥갓잎 … 약간
- □ 식용유 … 적당량

- □ **팥소**
  팥 1컵, 설탕 1/3컵, 계피가루 1
  큰술, 소금 1/2작은술, 물 4컵

1 찹쌀가루와 수수가루에 소금을 넣고 뜨거운 물을 부어가며 익반죽해요.

2 반죽을 손으로 오래 치대어 매끈하게 만들어요.

3 반죽을 직경 6~7cm 크기로 동글납작하게 빚어요.

4 냄비에 깨끗이 씻은 팥과 물을 넉넉하게 붓고 한번 우르르 끓여 물만 따라 버리고 새로 물 4컵을 부어 약불에서 약 40분 정도 푹 끓여요. 팥이 부드럽게 으깨어지고 수분이 다 날아갈 때까지 끓여요.

5 팥은 방망이로 대충 찧어서 설탕, 계피가루, 소금으로 간해요.

6 식용유를 두른 달군 팬에 3의 반죽을 납작하게 펼쳐 얹고 살짝 익으면 팥소를 넣고 반으로 접어 가장자리를 꼭꼭 눌러 붙이면서 앞뒤로 익혀요. 다 익은 부꾸미에 대추와 쑥갓잎으로 장식해요.

PART 03

특별한 날을 위한

외식요리&초대요리

탕평채

청포묵은 녹두묵이라고 하며, 주로 봄이나 초여름에 즐겨 먹어요. 청포묵에 쇠고기, 숙주, 미나리 등을
넣고 무친 탕평채는 옛날 임금님 수라상에 올리던 궁중요리예요. 영양 많고 칼로리가 낮아 다이어트식
으로도 좋아요.

쇠고기는 살코기로 준비해 가늘게 채
썰어, 분량의 쇠고기 양념 재료로 양
념해요.

청포묵은 일정하게 채썰어 투명해지
도록 끓는 물에 가볍게 데쳐 물기를
빼고 소금, 참기름을 약간씩 넣어 무
쳐요.

미나리와 구운 김은 6cm 길이로 채썰
고, 달걀은 흰자와 노른자를 분리해
각각 지단을 부쳐 채썰어요.

숙주는 끓는 물에 살짝 데쳐 찬물에
헹궈 물기를 빼고 소금, 참기름을 약
간씩 넣어 무쳐요.

달군 팬에 식용유를 약간 두르고 양념
한 쇠고기를 달달 볶아요.

분량의 양념장 재료를 섞어요. 접시에
모든 재료를 돌려 담고 양념장을 곁들
여내거나 무쳐내요.

Ready

- □ 청포묵 … 1모(400g)
- □ 쇠고기 … 100g
- □ 숙주 … 80g
- □ 미나리 … 4줄기
- □ 김 … 1장
- □ 달걀 … 2개
- □ 소금 · 참기름 … 약간씩
- □ 식용유 … 약간

□ 쇠고기 양념
  간장 1큰술, 설탕 1/2큰술, 맛술
  1/2큰술, 다진 마늘 1작은술, 참
  기름 1작은술, 후추 약간

□ 숙주 양념
  참기름 1/2큰술, 소금 약간

□ 양념장
  간장 1큰술, 설탕 1/2큰술, 참기
  름 1/2큰술, 통깨 1/2큰술, 후추
  약간

구절판

가지런히 담아낸 오방색의 아홉 가지 먹거리에 감탄이 절로 나옵니다. 다양한 재료와 색상으로 맛뿐만
아니라 멋이 담겨 있는 우리의 전통음식인 구절판으로 상차림을 빛내보세요.

채썬 쇠고기, 채썬 표고버섯은 각각 **양념** 재료로 조물조물 밑간해요.

채썬 오이, 채썬 호박, 채썬 당근은 각각 **양념** 재료로 밑간해요. 숙주는 끓는 물에 살짝 데쳐 **양념** 재료로 밑간해요.

달군 팬에 식용유를 두르고 오이, 호박, 당근, 표고버섯, 쇠고기 순으로 각각 볶아요.

달걀은 흰자와 노른자를 분리해 각각 지단을 부쳐 채썰어요.

밀가루는 체에 쳐서 물, 소금을 넣고 섞어 **밀전병 반죽**을 만들어요.

달군 팬에 식용유를 두르고 키친타월로 살짝 닦아낸 후 약불에서 밀전병 반죽을 얇게 부쳐요. 넓은 접시나 구절판용기에 재료를 가지런히 담고 분량의 **겨자장** 재료를 섞어 곁들여요.

Ready 3~4인분

□ 쇠고기 … 100g
□ 말린 표고버섯 … 5개
□ 오이 … 1/2개
□ 호박 … 1/2개
□ 당근 … 1/2개
□ 숙주 … 1줌(120g)
□ 달걀 … 2개
□ 식용유 … 적당량

□ **쇠고기, 표고버섯 양념(각각)**
간장 1큰술, 설탕 1/2큰술, 다진 마늘 1작은술, 참기름 1작은술, 통깨 · 후추 약간씩

□ **오이, 호박, 당근, 숙주나물 양념 (각각)**
참기름 1/2큰술, 소금 · 후추 약간씩

□ **밀전병 반죽**
밀가루 1컵, 물 1+1/4컵, 소금 1/2작은술

□ **겨자장**
연겨자 1큰술, 설탕 1큰술, 식초 1큰술, 레몬즙 1큰술, 소금 1/2작은술

쇠고기찹쌀편채

예전부터 임금님의 수라상에 오르던 궁중요리예요. 한정식집의 코스 메뉴로 빠지지 않는 품위 있는 요리이기도 해요. 찹쌀가루를 묻혀 구운 쇠고기편채는 식어도 쫄깃하고 잡내도 없고 맛있어요.

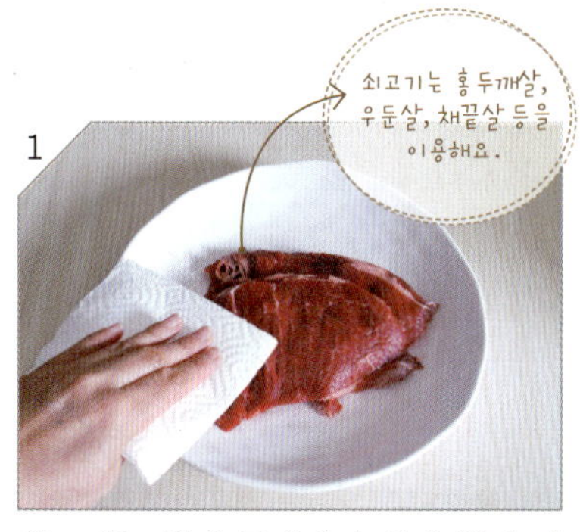

1 쇠고기는 약간 두께감이 있게 썰어 키친타월로 핏물을 제거해요.

2 쇠고기는 분량의 쇠고기 양념 재료로 밑간해서 1시간 정도 재워요.

3 부추, 적채, 양파, 깻잎은 모두 가지런히 채썰어요.

4 분량의 겨자장 재료를 섞어요.

5 양념이 밴 쇠고기에 찹쌀가루를 앞뒤로 고루 묻혀 톡톡 털어내 찹쌀이 뭉치지 않도록 해요.

6 달군 팬에 식용유를 적당히 두르고 찹쌀가루를 묻힌 쇠고기를 올려 중불에서 앞뒤로 노릇노릇하게 부쳐요.

Ready

10개 분량

- 쇠고기(불고기감) … 250g
- 찹쌀가루 … 1/2컵
- 영양부추 … 50g
- 적채 … 50g
- 양파 … 1/4개
- 깻잎 … 5장
- 식용유 … 적당량

- **쇠고기 양념**
  간장 2큰술, 설탕 1큰술, 청주 1큰술, 다진 마늘 1/2큰술, 양파즙 2큰술, 참기름 1/2큰술, 후추 약간

- **겨자장**
  연겨자 1큰술, 간장 1큰술, 식초 1큰술, 꿀 1큰술, 레몬즙 1/2큰술, 다진 마늘 1작은술, 참기름 약간

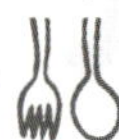

잡채

생일, 집들이, 명절 등 우리 잔칫상에서 절대 빼놓을 수 없는 음식이 있다면 바로 잡채랍니다. 손이 다소
많이 가긴 하지만 한번 만들면 푸짐해서 두루두루 나눠 먹기 좋은 음식이에요.

쇠고기는 살코기로 준비해서 7~8cm 길이로 채썰어 분량의 고기 양념 재료로 조물조물 무쳐 30분간 재워요.

시금치는 끓는 물에 소금을 넣고 살짝 데쳐 찬물에 헹궈 물기를 가볍게 짜고 분량의 시금치 양념 재료로 무쳐요.

채썬 양파, 채썬 당근, 채썬 표고버섯, 부드럽게 불린 목이버섯, 양념한 쇠고기를 차례로 팬에 볶아 한김 식혀요.

당면은 끓는 물에 8~9분간 삶아 찬물에 여러 번 헹궈 물기를 충분히 빼요.

달군 팬에 식용유를 두르고 삶은 당면을 넣고 분량의 당면 양념 재료를 넣어 고루 뒤섞어 간장색이 배게 달달 볶아요.

양푼에 볶은 당면과 쇠고기, 시금치, 양파, 당근, 표고버섯, 목이버섯을 넣고 분량의 무침 양념 재료를 넣어 간이 배게 조물조물 무쳐요. 접시에 낼 때 통깨, 실고추를 뿌려요.

Ready `3~4인분`

- [ ] 당면 … 300g
- [ ] 쇠고기(우둔살) … 250g
- [ ] 시금치 … 1단
- [ ] 양파 … 1개
- [ ] 당근 … 2/3개
- [ ] 표고버섯 … 6개
- [ ] 목이버섯 … 100g
- [ ] 통깨 · 실고추 · 소금 … 약간씩
- [ ] 식용유 … 적당량

- [ ] **고기 양념**
  간장 2큰술, 설탕 1큰술, 다진 마늘 1/2큰술, 청주 1큰술, 참기름 1/2큰술, 후추 약간

- [ ] **시금치 양념**
  참기름 1/2큰술, 소금 약간

- [ ] **당면 양념**
  간장 5큰술, 설탕 2큰술, 참기름 1큰술, 깨소금 1/2큰술, 후추 약간

- [ ] **무침 양념**
  간장 2큰술, 설탕 1큰술, 다진 마늘 1큰술, 참기름 1큰술, 통깨 1큰술, 후추 약간

닭고기무쌈말이

새콤달콤한 절임무에 싸서 먹는 닭가슴살은 퍽퍽한 맛이라곤 전혀 찾아볼 수 없고 상큼하고 맛나답니다. 갖가지 색의 고명들을 넣고 예쁘게 말아 놓으면 식탁을 빛내주는 메뉴가 된답니다.

Ready

- □ 절임무(시판용) … 15장
- □ 닭가슴살 … 2개(200g)
- □ 빨강 · 노랑 파프리카 … 각 1/2 개씩
- □ 오이 … 1개
- □ 달걀 … 2개
- □ 깻잎 … 15장
- □ 닭가슴살 삶을 때
  대파 1/2대, 양파 1/4개, 통후추 1/2작은술, 청주 2큰술, 물 5컵
- □ 겨자소스
  연겨자 2큰술, 식초 5큰술, 설탕 4큰술, 다진 마늘 1큰술, 레몬즙 2큰술, 소금 1/2큰술

1 냄비에 닭가슴살과 분량의 **닭가슴살 삶을 때** 재료를 넣고 20분간 삶아요.

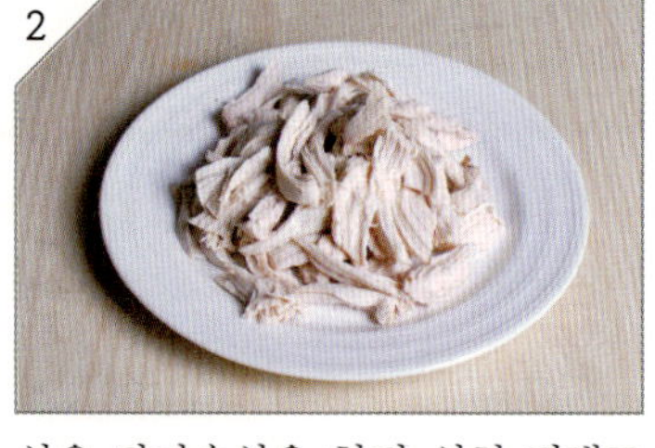

2 삶은 닭가슴살은 한김 식혀 결대로 찢어 냉장고에 넣어 차게 식혀요.

3 오이, 빨강 · 노랑 파프리카는 가지런하게 채썰고, 달걀은 흰자, 노른자를 분리해 각각 지단을 부쳐 채썰어요.

4 물기를 뺀 절임무에 깻잎을 얹고 파프리카, 오이, 달걀지단을 얹고 돌돌 말아요. 분량의 **겨자소스** 재료를 섞어 무쌈말이와 곁들여내요.

쇠고기샤브샤브

샤브샤브를 먹는 날은 온 가족이 요리
사람입니다. 각자 좋아하는 재료를 하나씩
데쳐 먹는 재미가 있어서 가족이 모두
모인 날 준비하는 메뉴랍니다. 푹 우러
난 육수에 국수까지 삶아 먹으면 든든한
한 끼 식사가 된답니다.

1

냄비에 분량의 육수 재료를 넣고 끓
이다 끓으면 다시마는 건져내고 15
분간 중불에서 끓여 육수를 걸러 분
량의 육수 양념 재료로 간해요.

2

쇠고기는 샤브샤브용으로 얇게 썰
어 준비해요. 기름기가 많은 것은
떼어내는 것이 좋아요.

3

배추속대, 느타리버섯, 팽이버섯,
숙주, 치커리, 양파, 당근, 대파, 두
부, 생면은 먹기 좋게 썰어요.

4

분량의 참깨소스 재료를 믹서기에
넣고 곱게 갈고, 분량의 간장소스
재료도 섞어 샤브샤브 재료와 함께
내어요.

Ready   2~3인분

□ 쇠고기(등심, 목심, 안심 등) …
　 300g
□ 배추속대 … 7잎
□ 느타리버섯 … 1줌
□ 팽이버섯 … 1줌
□ 숙주 … 1줌
□ 치커리 … 1줌
□ 양파 … 1/2개
□ 당근 … 1/2개
□ 대파 … 1/2대
□ 두부 … 1/2모
□ 생면 … 1줌

□ **육수**
　 멸치 1줌, 건표고버섯 3개, 다시
　 마 1장(사방 10cm), 무 100g, 대
　 파 1/2대, 물 7컵,

□ **육수 양념**
　 간장 1큰술, 맛술 1큰술, 소금 약간

□ **참깨소스**
　 참깨 2큰술, 간장 1.5큰술, 땅콩
　 버터 1큰술, 머스터드 1큰술, 육
　 수 3큰술, 설탕 1큰술, 식초 2큰
　 술, 맛술 1큰술

□ **간장소스**
　 간장 3큰술, 식초 2큰술, 레몬즙
　 1큰술, 육수 3큰술, 맛술 1큰술,
　 설탕 1/2큰술

쇠고기버섯전골

재료만 준비하면 어렵지 않게 끓여 먹을 수 있는 간편하고 맛깔난 메뉴예요. 푸짐한 건강식으로 가족이
모였을 때 함께 즐겨보세요. 손님상에 내놓아도 손색없어요.

1 쇠고기는 불고기감으로 준비해 분량의 **쇠고기 밑간** 재료로 조물조물 무쳐 잠시 재워요.

2 호박, 당근은 길게 나박썰고, 청양고추, 홍고추는 어슷썰며, 쑥갓은 깨끗이 씻어 준비해요.

3 표고버섯은 기둥을 떼고 열십자 모양으로 칼집을 내고, 느타리버섯과 팽이버섯은 가닥가닥 떼어 준비해요.

4 전골냄비에 2와 3의 재료를 가지런히 돌려 담고 가운데 양념한 쇠고기를 얹어요.

5 멸치육수를 붓고 다진 마늘, 소금, 후추로 간하고 달걀노른자를 얹어 끓여가면서 먹어요.

Ready　2인분

- □ 쇠고기(불고기감) … 200g
- □ 표고버섯 … 5개
- □ 느타리버섯 … 1줌
- □ 팽이버섯 … 1줌
- □ 호박 … 1/2개
- □ 당근 … 1/2개
- □ 청양고추 … 2개
- □ 홍고추 … 1개
- □ 쑥갓 … 1줌
- □ 달걀노른자 … 1개
- □ 다진 마늘 … 1큰술
- □ 소금 · 후추 … 약간씩
- □ 멸치육수 … 6컵
- □ **쇠고기 밑간**

  간장 2큰술, 설탕 1큰술, 맛술 1큰술, 다진 파 1큰술, 다진 마늘 1큰술, 참기름 1큰술, 후추 약간

육개장

집안의 대소사에는 언제나 육개장이 함께 합니다. 누구나 좋아하고 칼칼한 맛 때문에 개운하게 먹을 수
있기 때문이죠. 육개장 한그릇에는 영양소가 풍부하게 들어 있어요.

숙주는 깨끗이 씻어 물기를 빼고, 느타리버섯은 먹기 좋게 찢어요. 삶은 고사리는 먹기 좋은 크기로 썰고, 대파는 반을 갈라 6cm 길이로 썰어요.

대파는 끓는 물에 소금을 약간 넣고 살짝 데쳐 찬물에 헹궈 물기를 빼요. 숙주도 끓는 물에 살짝 데쳐 헹궈요. 분량의 양념장 재료를 섞어 냉장고에서 1시간 정도 숙성시켜요.

쇠고기는 국거리용으로 준비해 먹기 좋게 썰어 참기름을 두르고 살짝 볶아요.

데친 숙주와 느타리버섯, 고사리를 넣고 볶아요.

물 2.5ℓ를 붓고 숙성시킨 양념장 절반을 넣어 끓여요. 끓으면 중불로 줄여 15분간 끓여요.

고기와 나물이 구수하게 익으면 데친 대파와 나머지 양념장을 넣고 중불에서 10여 분간 푹 끓여 국간장과 소금으로 간해요.

Ready　5~6인분

- ☐ 쇠고기(양지 또는 사태) … 400g
- ☐ 숙주 … 1줌(150g)
- ☐ 느타리버섯 … 2줌(150g)
- ☐ 삶은 고사리 … 1줌(150g)
- ☐ 대파 … 3대
- ☐ 참기름 … 약간
- ☐ 소금 · 국간장 … 약간씩
- ☐ 물 … 2.5ℓ(12컵)

☐ **양념장**
고춧가루 6큰술, 국간장 5큰술, 고추기름 2큰술, 다진 마늘 2큰술, 다진 생강 1/2큰술, 참기름 1.5큰술, 후추 약간

감자탕

뼈다귀가 가득 들어간 감자탕. 푸짐하고 맛도 좋고 가격까지 착해 외식 메뉴로 빼놓을 수 없죠. 한나절 시간을 투자해서 집에서 만든 감자탕은 더욱 푸짐하고 맛깔스러워요. 가족이 모두 모인 날 더욱 사랑받는 메뉴예요.

돼지등뼈는 찬물에 3시간 이상 담가
핏물을 빼요. 중간에 핏물을 따라내고
한두 번 물을 갈아줘요.

감자는 껍질을 벗겨 통째로 준비하고
대파, 청양고추, 홍고추는 어슷썰고,
깻잎순은 먹기 좋게 다듬어요.

냄비에 돼지등뼈와 분량의 등뼈 우릴
때 재료를 넣고 끓이다가 끓으면 약불
로 줄여 뚜껑을 덮고 3시간 정도 푹 고
아요.

등뼈가 분리될 정도로 충분히 고아지
면 대파, 생강, 월계수잎을 건져내고
기름기도 걷어내요.

감자와 배추우거지, 분량의 양념장 재
료를 섞어 넣고 감자가 푹 무르도록
끓여요.

감자가 익으면 어슷썬 대파, 청양고
추, 홍고추를 넣어 한소끔 더 끓인 후
깻잎순을 얹고 들깨가루를 뿌려내요.
모자란 간은 소금으로 맞춰요.

Ready `3~4인분`

- 돼지등뼈 … 1kg
- 감자 … 6개
- 삶은 배추우거지 … 2줌
- 대파 … 1/2대
- 청양고추 … 2개
- 홍고추 … 1개
- 깻잎순 … 2줌(또는 깻잎 10장)
- 들깨가루 … 3큰술
- 소금 … 약간

등뼈 우릴 때
대파 1대, 생강 2쪽, 월계수잎 3
장, 소주 1/3컵, 통후추 1/2큰술,
물 4ℓ

양념장
고춧가루 4큰술, 다진 마늘 2큰
술, 다진 생강 1/2큰술, 새우젓
2큰술, 국간장 2큰술, 청주 2큰
술, 후추 약간

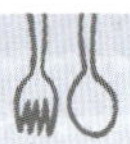

생태탕

칼칼하고 뜨거운 국물 부드러운 생태살 한 점. 으슬으슬 쌀쌀한 날, 뜨끈한 생태매운탕 한그릇에 몸이
사르르 녹는 것을 느껴보셨나요? 생태탕은 탁하지 않고 맑고 칼칼하게 끓이는 것이 시원한 맛을 내는
비결입니다.

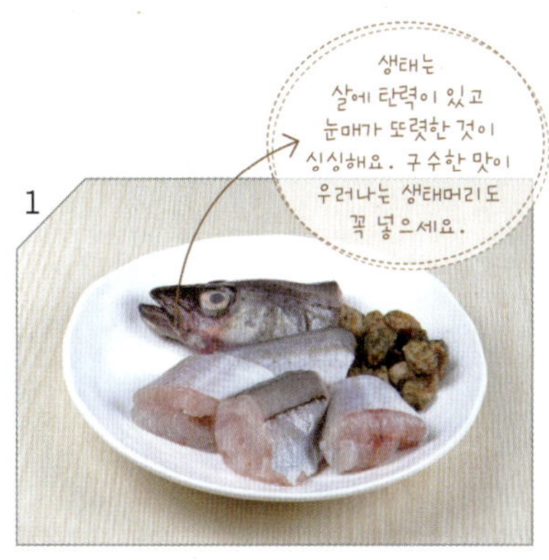

1 생태는 쓸개를 제거하고, 곤이와 함께 깨끗이 씻어 먹기 좋게 토막 내요.

2 무는 나박썰고, 호박은 반달썰기하며, 대파, 청양고추, 홍고추는 어슷썰어요. 팽이버섯은 가닥을 대충 떼고, 콩나물은 깨끗이 씻어요.

Ready　　2인분

□ 생태 … 1마리(중)
□ 미더덕 … 1줌
□ 무 … 100g
□ 호박 … 1/3개
□ 대파 … 1대
□ 청양고추 … 1개
□ 홍고추 … 1개
□ 콩나물 … 1줌
□ 쑥갓 … 1/2줌
□ 팽이버섯 … 1/2줌
□ 소금 … 약간

□ **멸치육수**
　멸치 1줌, 다시마 1장(사방 10cm), 대파 1/2대, 물 5컵

□ **양념장**
　고춧가루 3큰술, 청주 2큰술, 다진 마늘 1큰술, 생강즙 1작은술, 국간장 1/2큰술, 천일염 1/2큰술

3 냄비에 분량의 **멸치육수** 재료를 넣고 끓이다가 끓으면 다시마는 건져내고 약불에서 10분가량 더 끓인 후 건더기를 건져내요.

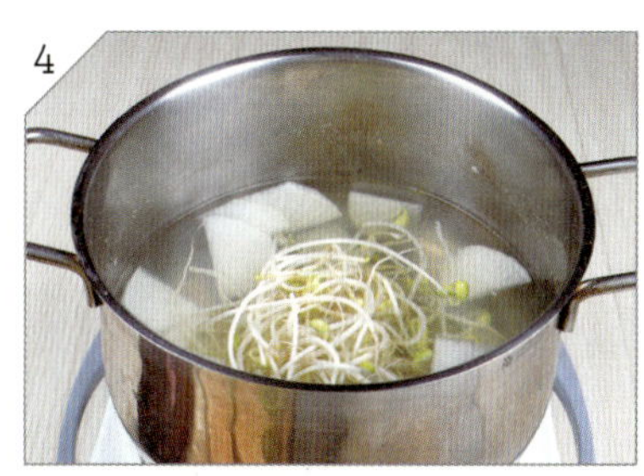

4 멸치육수에 무를 넣고 끓이다가 무가 투명해지면 콩나물을 넣은 후 뚜껑을 덮고 잠시 끓여요.

5 생태와 곤이, 미더덕을 넣고 분량의 **양념장** 재료를 풀어 넣고 끓여요.

6 호박, 대파, 청양고추, 홍고추를 넣고 한소끔 더 끓이다가 팽이버섯, 쑥갓을 넣고 소금으로 간해요.

단호박꽃게탕

살이 통통하게 오르고 단맛이 살살 도는 제철 꽃게에 단호박을 숭덩숭덩 썰어 넣고 꽃게매운탕을 끓였
어요. 밥도둑이 따로 있을까 싶을 만큼 맛있다는 가족들의 칭찬이 마구 쏟아진답니다.

1

꽃게는 배 아래쪽(뾰족한 부위의 아래쪽)에 칼집을 넣으면 손쉽게 등껍데기가 벗겨져요. 등껍데기를 벗긴 후 몸통에 붙은 아가미를 제거하고 반으로 잘라요. 크기가 큰 것은 1/4로 자르고 뾰족한 집게발도 먹기 좋게 잘라요.

2

무는 나박썰고, 단호박은 씨를 파내고 껍질째 반달로 썰고, 양파는 채썰어요. 대파, 청양고추, 홍고추는 어슷썰고 미나리는 깨끗이 손질해 먹기 좋게 썰어요.

3

분량의 **양념장** 재료를 섞어 냉장고에서 2시간 정도 숙성시켜요.

4

멸치육수에 된장을 풀고 무를 넣어 무를 때까지 끓이다가 양념장과 단호박, 양파를 넣고 끓여요.

5

양파가 투명하게 익으면 손질한 꽃게를 넣고 꽃게살이 익을 때까지만 가볍게 끓여요.

6

꽃게가 익으면 대파, 청양고추, 홍고추, 미나리를 넣고, 소금, 후추로 간해요.

Ready　2~3인분

- [ ] 꽃게 … 3마리(800g)
- [ ] 무 … 1/4개(200g)
- [ ] 단호박 … 1/4개
- [ ] 양파 … 1/2개
- [ ] 대파 … 1/2대
- [ ] 청양고추 … 2개
- [ ] 홍고추 … 1개
- [ ] 미나리 … 1줌
- [ ] 된장 … 2큰술
- [ ] 소금 · 후추 … 약간씩
- [ ] 멸치육수 … 6컵

- [ ] **양념장**
  고춧가루 3큰술, 고추장 1큰술, 멸치액젓 2큰술, 청주 1큰술, 다진 마늘 1큰술, 생강즙 1작은술, 후추 약간

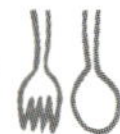

해물탕

꽃게, 새우, 소라, 생선 곤이, 주꾸미, 갑오징어 등 해산물을 한데 모았어요. 싱싱한 해물들로 끓인 해물
탕은 그야말로 바다의 종합 선물세트가 아닐 수 없어요. 해물이 어우러져 만들어낸 시원한 국물 맛에 온
몸이 개운해요.

꽃게는 등껍데기를 벗기고 아가미를 제거해서 이등분하고, 주꾸미, 새우, 미더덕, 곤이는 옅은 소금물에 헹궈요. 갑오징어는 내장을 제거하고 먹기 좋게 썰고, 바지락, 모시조개는 소금물에 해감해요.

분량의 양념장 재료를 섞어 냉장고에서 2시간 정도 숙성시켜요.

무는 나박썰고, 대파, 청양고추, 홍고추는 어슷썰고, 미나리, 쑥갓은 깨끗이 손질해요.

냄비에 무를 깔고 꽃게, 새우, 미더덕, 모시조개, 바지락, 곤이를 얹은 후 멸치육수를 붓고 양념장을 넣어 끓여요.

국물이 끓어오르면 갑오징어, 주꾸미, 대파, 청양고추, 홍고추를 넣고 한소끔 더 끓여요.

소금, 후추로 간하고, 미나리와 쑥갓을 넣어요.

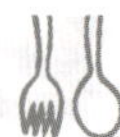

닭갈비

뼈를 발려 잘게 토막 낸 닭 한 마리와 자투리 채소를 넣고 아이들과 빙 둘러 앉아 즉석에서 볶아먹을 수 있는 닭갈비는 함께 요리해 먹는 즐거움이 있어 더 좋아요. 카레가루로 맛을 낸 홈메이드 닭갈비는 춘천 닭갈비 부럽지 않아요.

뼈를 발라낸 닭고기는 분량의 양념장 재료로 버무려 냉장고에서 1시간 정도 재워요.

양파, 양배추는 굵직하게 채썰고, 당근, 고구마는 납작하게 썰어요. 대파는 어슷하게 썰고, 떡볶이 떡도 준비해요.

달군 팬에 식용유를 약간 두르고 재워둔 닭갈비를 센불에서 달달 볶다가 한입 크기로 먹기 좋게 가위로 잘라요.

닭고기가 살짝 익으면 중불로 줄여 고구마, 당근을 넣고 볶아요. 떡볶이 떡과 양파를 넣고 뒤섞어요.

물을 조금 붓고 끓기 시작하면 뚜껑을 덮어 한소끔 더 끓여요.

재료가 모두 익으면 양배추와 대파를 넣어 섞고 통깨를 뿌려요.

Ready 2~3인분

- 닭다리살 … 700g
- 양파 … 1개
- 양배추 … 250g
- 당근 … 1/2개
- 고구마 … 1개(중)
- 떡볶이떡 … 100g
- 대파 … 1뿌리
- 물 … 1/3컵
- 통깨 … 약간
- 식용유 … 약간
- 양념장
  고추장 5큰술, 고춧가루 5큰술, 간장 4큰술, 물엿 4큰술, 다진 마늘 1큰술, 매실청 2큰술, 생강가루 1/2큰술, 카레가루 1큰술, 맛술 2큰술, 콜라 4큰술, 참기름 1큰술, 후추 약간

닭볶음탕

보기만 해도 침이 꼴깍! 맛깔스럽고 푸짐하며, 한 끼 식사로도 거뜬하고, 안주로도 좋은 닭볶음탕. 집에
서 만만하게 해먹기 쉽고, 칼칼해도 아이들까지 좋아하는 메뉴예요.

1

분량의 양념장 재료를 섞어 냉장고에 서 1시간 이상 숙성시켜요.

2

냄비에 닭을 넣고 닭이 잠길 만큼의 물을 붓고 끓으면 청주를 붓고 닭의 표면이 하얗게 되도록 3분간 삶아 건 져요.

3

감자, 당근, 양파는 큼직하게 썰고, 청 양고추, 홍고추는 어슷썰어요.

4

데쳐낸 닭에 물 5컵을 붓고 양념장을 넣어 끓여요. 물이 절반 정도 줄어들 때까지 20분간 센불에서 끓여요.

5

닭고기에 양념이 충분히 배고 국물이 반으로 줄면, 감자와 당근을 넣고 중 불로 줄여 감자가 무를 때까지 푹 끓 여요.

6

감자가 익으면 양파, 청양고추, 홍고 추를 넣고 양파가 투명해지도록 센불 에서 한소끔 더 끓여 통깨를 솔솔 뿌 려요.

불고기

언제 먹어도 맛있고 친숙한 불고기! 지방마다, 집집마다 만드는 방법과 맛이 조금씩 다르지만, 감칠맛 나는 양념으로 부드럽게 볶아내는 것이 공통불변의 맛의 비결이겠죠.

Ready 4인분

- □ 쇠고기(불고기감) … 600g
- □ 대파 … 1/2개
- □ 양파 … 1/2개
- □ 당근 … 1/2개

- □ **불고기 밑간**
  배즙 7큰술, 양파즙 4큰술, 청주 2큰술, 매실청 1큰술

- □ **불고기 양념**
  간장 6큰술, 설탕 3큰술, 다진 파 2큰술, 다진 마늘 2큰술, 참기름 2큰술, 깨소금 1큰술, 후추 1/2작은술

1

쇠고기는 키친타월로 가볍게 눌러 핏물을 제거해요. 찬물에 담그면 고기 특유의 맛이 빠져 맛이 싱거워져요.

2

핏물을 뺀 쇠고기는 분량의 **불고기 밑간** 재료로 조물조물 무쳐 1시간 정도 재워요.

3

밑간한 쇠고기에 분량의 **불고기 양념** 재료를 넣고 고루 무쳐 냉장고에서 3~4시간 재워요. 숙성된 쇠고기에 채썬 양파, 당근, 대파를 넣고 고루 버무려요.

4

식용유를 두르지 말고 센불에 팬을 달궈 양념한 불고기를 얹고 중불로 줄여 재빨리 볶아요.

된장삼겹살

삼겹살은 맛은 좋지만 기름기가 많고, 느끼한 맛이 단점이기도 합니다. 삼겹살을 느끼하지 않게 먹기 위해 된장으로 양념했어요. 구수하고 짭조름한 된장에 재웠다가 구우면 구수함이 더해지고, 기름기가 중화되는 듯합니다.

1

삼겹살은 구이용으로 준비해서 썰지 말고, 분량의 **밑간** 재료로 밑간해 15분간 재워요.

2

분량의 **양념** 재료를 섞어요. 밑간한 삼겹살에 양념을 앞뒤로 고루 발라 냉장고에서 1시간 정도 숙성시켜요.

Ready　2인분

□ 돼지고기(삼겹살) … 500g

□ **밑간**
청주 1큰술, 후추 약간

□ **양념**
된장 2큰술, 굴소스 2큰술, 설탕 1큰술, 매실청 1큰술, 다진 마늘 1큰술, 생강가루 1작은술, 참기름 1/2큰술, 후추 약간

3

달군 팬에 기름을 두르지 말고 중약불에서 삼겹살을 구워요.

매운 갈비찜

매콤달콤하게 양념한 매운 갈비찜은 스트레스를 확 날려버릴 만큼 화끈하답니다. 매운 갈비찜의 매력은
자칫 느끼할 수 있는 갈비찜이 개운한 맛으로 다가온다는 것이에요.

1

돼지갈비는 찬물에 1시간 이상 담가
핏물을 빼고, 살코기에 2~3군데 칼집
을 내요.

2

냄비에 돼지갈비를 넣고 물을 넉넉
하게 붓고 분량의 고기 데칠 때 재료
를 넣어 끓이다가 끓으면 불을 줄이고
3~4분 정도 더 끓여요.

3

물기를 뺀 갈비를 분량의 양념장 재료
로 버무려서 냉장고에서 3~4시간 재
워요.

4

감자와 당근은 큼직하게 썰어 모서리
를 둥글게 돌려 깎고, 양파는 같은 크
기로 큼직하게 썰며, 청양고추, 홍고
추는 어슷썰어요.

5

냄비에 갈비와 감자, 당근, 양파를 넣
고, 물 3컵을 붓고 뚜껑을 덮고 끓여
요. 끓으면 중불로 줄여 갈비가 푹 무
를 때까지 25~30분간 은근히 끓여요.
끓이는 중간에 감자, 당근이 푹 익으
면 따로 건져놓아요.

6

고기가 충분히 익으면 건져둔 감자,
당근을 다시 넣고 어슷썬 청양고추,
홍고추를 넣어 한소끔만 더 끓여요.

Ready · 4인분

- □ 돼지갈비 … 1.2kg
- □ 감자 … 3개
- □ 당근 … 1/2개
- □ 양파 … 1개
- □ 청양고추 … 3개
- □ 홍고추 … 2개
- □ 물 … 3컵

□ **고기 데칠 때**
청주 1/2컵, 월계수잎 3장, 대파
1대, 생강 1쪽, 통후추 1작은술

□ **양념장**
간장 10큰술, 고춧가루 5큰술,
핫소스 3큰술, 양파즙 1/2컵, 사
과즙 1/2컵, 청주 5큰술, 올리고
당 4큰술, 매실청 2큰술, 생강가
루 1/2큰술, 다진 파 4큰술, 다진
마늘 3큰술, 참기름 2큰술, 후추
1작은술

안동찜닭

까무잡잡하고 반들반들하게 간장양념이 고루 배인 찜닭. 집에서도 전문점 못지않게 맛을 낼 수 있어요.
칼칼한 국물은 개운해서 마냥 떠먹어도 질리는 줄 몰라요. 짭조름한 국물에 밥까지 쓱쓱 비벼 먹게 되는
별미요리예요.

Ready

4인분

- □ 닭 … 1마리(950g)
- □ 감자 … 3개
- □ 양파 … 1개
- □ 당근 … 1/2개
- □ 청양고추 … 4개
- □ 홍고추 … 2개
- □ 불린 당면 … 1줌
- □ 통깨 … 약간
- □ 물 … 3컵
- □ **닭 삶을 때**
  청주 4큰술, 월계수잎 3장, 생강 1/2쪽, 통후추 1작은술
- □ **양념장**
  간장 8큰술, 굴소스 1큰술, 설탕 2큰술, 물엿 2큰술, 맛술 2큰술, 매실청 1큰술, 다진 마늘 1큰술, 생강가루 1작은술, 참기름 2큰술, 통깨 · 후추 약간씩

한입 크기로 토막 낸 닭고기는 찬물에 30분간 담가 핏물을 빼요. 냄비에 넉넉하게 물을 붓고, 닭고기와 분량의 **닭 삶을 때** 재료를 넣고 한소끔 끓인 후 닭고기를 건져요.

감자, 양파, 당근은 큼직하게 썰고, 청양고추와 홍고추도 크게 어슷썰어요.

냄비에 삶은 닭, 감자, 양파, 당근을 넣고 물 3컵을 부은 후 분량의 **양념장** 재료를 섞어 넣고 끓여요. 끓으면 중불로 줄여 닭고기가 완전히 익을 때까지 20분간 끓여요.

끓는 동안 주걱으로 몇 번 뒤적여주고 닭고기가 완전히 익으면 청양고추, 홍고추를 넣고 섞어요.

따뜻한 물에 불린 당면을 넣고 당면이 투명해질 때까지 끓이다가 통깨를 뿌려요.

수육보쌈

수육은 여럿이 모였을 때 요긴한 메뉴로 손님상에도, 술안주로도 좋아요. 함께 보쌈해 먹는 배춧잎과 무
생채가 곁들여지면 개운한 맛이 더해져 끝없이 먹게 되지요.

1

돼지고기는 찬물에 1시간 정도 담가 핏물을 빼요. 중간에 물을 갈아주며 핏물을 제거하면 잡내를 없애는 데 도움이 돼요.

2

냄비에 돼지고기를 넣고 고기가 잠길 만큼 물을 붓고, 분량의 고기 삶을 때 재료를 넣어 끓이다가 끓으면 중불로 줄여서 30분간 삶아요.

Ready 3~4인분

□ 돼지고기(앞다릿살) … 1kg
□ 배추속대 … 15장

□ **고기 삶을 때**
대파 1/2대, 양파 1/2개, 통마늘 8쪽, 된장 2큰술, 소주 7큰술, 설탕 2큰술, 통후추 1작은술

□ **배추 절일 때**
굵은소금 1/3컵, 물 1컵

□ **무생채**
무 1/3개(400g), 배 1/4개, 밤 4개, 미나리 10대, 쪽파 5대, 소금 1큰술

□ **무생채 양념**
고춧가루 4큰술, 멸치액젓 1큰술, 새우젓 1/2큰술, 다진 마늘 1큰술, 생강가루 1작은술, 설탕 1.5큰술, 통깨 약간

3

배추는 속대로 준비해서 물 1컵에 굵은소금 1/3컵을 풀어 소금물을 만들어 붓고 1시간 정도 절여요.

4

무는 굵게 채썰어 소금 1큰술을 넣고 20분간 절인 후 물에 헹구지 말고 물기만 살짝 짜요.

5

절인 무채에 채썬 배, 밤, 5cm 길이로 썬 미나리와 쪽파, 분량의 무생채 양념 재료를 넣고 고루 버무려요.

6

수육을 젓가락으로 찔렀을 때 핏물이 배어 나오지 않으면 다 삶아진 상태예요. 삶은 수육은 한입 크기로 가지런히 썰어 무생채, 절인 배추속대와 함께 내요.

오징어순대

싱싱하고 작은 오징어에 맛깔스럽게 양념한 소를 채워 오징어순대를 만들면 한 접시로도 모자랄 만큼
인기가 많답니다. 강원도 토속음식이지만 이제는 전국 어디에서나 즐겨 먹는 별미랍니다.

1

다진 쇠고기는 분량의 쇠고기 밑간 재료로 밑간해 30분간 재워요.

2

숙주는 끓는 물에 데쳐 물기를 꼭 짜서 잘게 다지고, 두부는 면보에 감싸 물기를 짜요. 쪽파, 청양고추, 홍고추는 잘게 다져요.

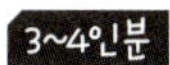

3

오징어는 내장을 제거하고 껍질은 벗기지 않고 이용해요. 몸통은 가르지 말고 다리만 떼어 한 마리의 다리만 잘게 다져요.

4

쇠고기, 오징어 다리, 숙주, 두부, 쪽파, 청양고추, 홍고추, 달걀을 한데 담고, 분량의 소양념 재료를 넣고 치대요.

5

내장을 비운 오징어 몸통 속에 밀가루를 살짝 뿌리고 양념한 소를 70%가량 채운 후 이쑤시개로 끄트머리를 고정시켜요. 또 이쑤시개로 오징어 몸통을 5~6군데 찔러 숨구멍을 만들어요.

6

찜통에 열이 오르면 소를 채운 오징어를 넣고 뚜껑을 덮고 20분간 쪄서 한 김 식히고 먹기 좋게 썰어요.

양송이수프

집에서 끓인 진한 양송이수프, 스스로도 감탄할 만큼 근사한 맛이 나요! 섬유소가 풍부하고 항암 성분이 가득한 양송이버섯으로 끓인 양송이수프는 간단한 아침식사 대용으로도 그만입니다.

Ready `2~3인분`

☐ 양송이버섯 ⋯ 250g
☐ 양파 ⋯ 1/2개
☐ 올리브유 · 소금 · 후추 ⋯ 약간씩
☐ **베사멜소스**
　우유 1컵, 생크림 1컵, 버터 1큰술, 밀가루 2큰술

1 양송이버섯은 잘게 다지고, 양파는 가늘게 채썰어요.

2 달군 팬에 버터를 녹인 후 밀가루가 엉기려 할 때까지 재빨리 볶아요. 우유, 생크림을 나눠 붓고 저어가며 걸쭉해지도록 끓여 베사멜소스를 만들어요.

3 달군 팬에 올리브유를 살짝 두르고 양파를 볶다가 양파가 익으면 양송이버섯을 넣고 함께 볶아요.

4 베사멜소스를 붓고 끓이다가 끓으면 중불로 줄여서 끓여요. 바닥이 눌어붙지 않게 저어가며 끓이다가 수프가 걸쭉해지면 소금, 후추로 간해요.

연어스테이크

연어는 불포화 지방산인 EPA, DHA를 함유하고 있어 어른, 아이 모두에게 추천하는 식품이에요. 비린내가 적고 고급스러운 맛과 향이 있어 스테이크를 만들어놓으면 품위 있는 메뉴가 된답니다. 손님 상차림은 물론 술안주나 가족 건강식으로 준비하세요.

1 연어는 껍질째 도톰하게 썰어 분량의 연어 재우기 재료로 30분간 재워요. 분량의 타르타르소스 재료를 섞어요.

2 달군 팬에 버터를 두르고 채썬 양파, 편으로 썬 마늘을 구워 향을 내요.

3 채소로 향을 낸 버터에 연어와 살짝 데친 아스파라거스를 얹어 구워요. 연어는 한 면이 완전히 익으면 뒤집어 뒷면을 익혀요.

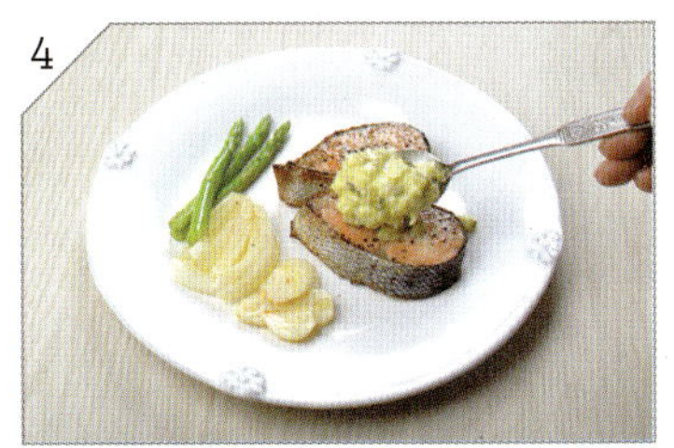

4 접시에 구운 연어를 얹고 타르타르소스를 뿌려요. 구운 양파, 마늘, 아스파라거스를 곁들여내요.

Ready `2인분`

- □ 연어(구이용) … 2토막(200g)
- □ 양파 … 1/4개
- □ 통마늘 … 3쪽
- □ 아스파라거스 … 3대
- □ 버터 … 2큰술
- □ **연어 재우기**
  올리브유 3큰술, 레몬즙 1큰술, 허브소금 1작은술
- □ **타르타르소스**
  다진 양파 2큰술, 다진 피클 2큰술, 마요네즈 3큰술, 머스터드 1/2큰술, 레몬즙 1큰술, 소금 1/2작은술, 흰후추 약간

Cooking Tip

연어를 센불에서 구우면 금방 타버리니 불을 줄인 채 굽고 자주 뒤집지 마세요.

립바비큐

패밀리 레스토랑의 인기 메뉴인 립바비큐. 짭조름하고 달콤한 갈비를 하나씩 뜯는 재미를 집에서도 즐길 수 있어요. 샐러드 등 사이드 메뉴를 곁들인다면 더욱 손색없어요.

Ready   2인분

- □ 어린 돼지 등갈비(베이비립) … 1대(600g)
- □ 고기 삶을 때
  생강 1쪽, 월계수잎 3장, 통후추 1/2큰술, 청주 5큰술, 물 6컵
- □ 립소스
  바비큐소스 7큰술, 케첩 3큰술, 진간장 2큰술, 핫소스 2큰술, 물엿 2큰술, 양파즙 1/2컵

1 베이비립을 찬물에 2시간 정도 담가 핏물을 빼고 냄비에 립과 분량의 고기 삶을 때 재료를 넣고 끓이다가 중불로 줄여 30분간 푹 삶아 찬물에 헹궈요.

2 분량의 립소스 재료를 냄비에 넣고 한 번 팔팔 끓여 식혀요.

3 잘 삶은 립에 립소스 2/3분량을 고루 발라 간이 잘 배도록 1시간 이상 재워요.

4 200도로 예열한 오븐에서 립을 20분 정도 구워요. 굽는 도중 한번 뒤집어주고, 남겨두었던 소스를 덧발라요. 립이 노릇노릇하게 익으면 파슬리가루를 뿌려내요.

탄두리치킨

탄두리라는 진흙으로 빚은 화덕에 구운 탄두리치킨은 맵고 불맛이 나며 독특한 향이 나요.
집에서 똑같은 맛을 내긴 힘들지만 구하기 쉬운 재료로 맛깔스럽게 탄두리치킨을 즐길 수 있답니다.

□ 닭다리 … 5개
□ 우유 … 1컵
□ 식용유 … 약간
□ **양념**
카레가루 3큰술, 고춧가루 3큰술, 플레인 요구르트 5큰술, 다진 마늘 1/2큰술, 소금 1/2큰술, 레몬즙 1큰술, 후추 약간

1 닭다리는 기름기를 제거하고 양념이 잘 배게 3~4군데 칼집을 내요.

2 차가운 우유에 닭다리를 1시간 정도 담가 잡내와 비린내를 제거해요.

3 분량의 양념 재료를 섞어요. 우유에 재운 닭다리는 물기를 충분히 빼고 양념으로 고루 버무려 냉장고에서 5~6시간 숙성시켜요.

4 200도로 예열한 오븐에서 양념한 닭다리를 25분간 노릇노릇하게 구워요. 중간에 한번 뒤집어요.

난과 커리

우리 입맛에도 잘 맞는 인도요리의 대명사처럼 불리는 커리. 커리와 함께 먹는 난. 난은 인도의 전통
화덕인 탄두리에 굽는 전통 빵이지만 집에서도 간단히 만들 수 있어요.

볼에 강력분, 인스턴트 이스트, 설탕,
소금을 각각 닿지 않게 넣고 섞어요.

따뜻한 우유와 올리브유를 넣고 고루
섞어 10분간 치대어 매끈해지도록 반
죽해 비닐랩을 씌워 따뜻한 곳에서 1
시간 이상 발효시켜요.

달군 팬에 식용유를 두르고 깍둑썬 양
파를 볶다가 깍둑썬 쇠고기와 감자를
넣어 볶아요.

물을 붓고 끓이다가 재료가 익으면 인
도카레(매운맛)를 넣고 잘 뒤섞어 약
불에서 조금 더 끓여요.

2의 반죽이 2배 이상 부풀어 오르면
밀대로 얇게 밀어 길쭉하게 모양내요.

난의 앞뒤에 녹인 버터를 고루 바르고
마늘가루, 파슬리가루를 뿌려 200도
로 예열한 오븐에서 8~9분간 구워요.
구운 난과 커리를 함께 곁들어내요.

Ready

난(4개 분량)
□ 강력분 … 250g
□ 따뜻한 우유 … 130g
□ 인스턴트 이스트 … 6g
□ 올리브유 … 2큰술
□ 설탕 … 1/2큰술
□ 소금 … 1/2작은술
□ 난 구울 때
　녹인 버터 3큰술, 마늘가루 · 파
　슬리가루 약간씩

쇠고기커리(2~3인분)
□ 쇠고기 … 100g
□ 감자 … 1개
□ 양파 … 1/2개
□ 인도카레(매운맛) … 50g
□ 꿀 … 1/2큰술
□ 물 … 2컵
□ 식용유 … 약간

월남쌈

내가 좋아하는 재료를 골라 먹을 수 있는 월남쌈은 칼로리가 낮아 특히 여성들에게 인기가 많아요.
짭조름한 피시소스와 고소한 땅콩소스까지 입맛대로 먹는 재미가 있는 베트남 음식이랍니다.

1

쇠고기는 길게 채썰고, 새우는 내장을 제거하고 껍질을 벗겨요.

2

쇠고기는 분량의 **쇠고기 양념** 재료로 양념해 30분간 재워요.

3

달군 팬에 식용유를 두르고 쇠고기를 물기 없이 볶아요.

4

오이, 파프리카는 채썰고, 파인애플은 작게 썰며, 숙주는 깨끗이 씻어 준비해요.

5

쌀국수는 찬물에 30분간 담갔다가 끓는 물에 3분간 삶아 찬물에 헹궈 물기를 빼요.

6

분량의 **피시소스**와 **땅콩소스** 재료를 각각 섞어요. 준비한 재료를 모두 접시에 담고 라이스페이퍼와 라이스페이퍼를 적셔 먹을 수 있는 뜨거운 물, 소스를 곁들여내요.

Ready 4인분

□ 라이스페이퍼 … 20장
□ 쇠고기 … 200g
□ 새우살(중하) … 1컵
□ 오이 … 2/3개
□ 빨강·노랑 파프리카 … 1/2개씩
□ 파인애플 … 2쪽
□ 숙주 … 1줌
□ 쌀국수 … 100g
□ 식용유 … 약간
□ **쇠고기 양념**
간장 2큰술, 설탕 1큰술, 맛술 1큰술, 다진 마늘 1/2큰술, 후추 약간
□ **피시소스**
피시소스 2큰술, 청양고추 1/2개, 홍고추 1/2개, 레몬즙 2큰술, 설탕 2/3큰술
□ **땅콩소스**
땅콩버터 2큰술, 머스터드 2큰술, 마요네즈 1큰술, 간장 1큰술, 꿀 2큰술, 레몬즙 2큰술

Cooking Tip

피시소스는 태국의 액젓이에요. 피시소스가 없을 땐 까나리액젓에 맛술을 조금 섞어 대용해보세요.

찹쌀탕수육

중국집 메뉴 중 짜장, 짬뽕 다음으로 자주 찾게 되는 탕수육. 탕수육을 더 맛있게 즐기려면 꿔바로우라 불리는 찹쌀탕수육을 만들어보세요. 찹쌀가루로 반죽해서 쫄깃쫄깃한 튀김옷의 고기와 새콤달콤한 소스의 조화로움이 더 맛있는 탕수육이랍니다.

돼지고기는 얇고 넓적하게 한입 크기로 저며요.

돼지고기는 분량의 **밑간** 재료로 양념해 30분간 재워요.

찹쌀가루에 물을 섞어 앙금을 가라앉힌 후 물은 따라 버리고 남은 앙금에 달걀흰자를 섞어 튀김반죽을 만들어요.

양념한 고기는 찹쌀가루를 가볍게 묻혀 튀김반죽을 고루 묻혀요.

180도의 튀김기름에 튀김옷을 입힌 고기를 넣어 중불에서 가볍게 튀겨 한김 식힌 후 다시 센불에서 바삭하게 튀겨요.

팬에 물, 간장, 식초, 설탕을 넣고 끓이다가 채썬 대파, 풋고추, 홍고추, 생강채를 넣고 끓여요. 소스가 다시 끓으면 녹말물을 붓고 참기름으로 향을 내어 튀긴 돼지고기에 부어내요.

☐ 돼지고기(등심 또는 안심) … 300g
☐ 대파 … 1/4대
☐ 풋고추 … 1개
☐ 홍고추 … 1/2개
☐ 생강 … 1쪽
☐ 튀김기름 …적당량

☐ **밑간**
간장 1큰술, 청주 1큰술, 다진 마늘 1/2큰술, 생강가루 1작은술, 참기름 1/2큰술, 후추 약간

☐ **튀김반죽**
찹쌀가루 1/2컵, 달걀흰자 1개, 물 1컵

☐ **튀김옷**
찹쌀가루 1/2컵

☐ **탕수육소스**
물 2/3컵, 간장 1.5큰술, 식초 3큰술, 설탕 3큰술, 녹말물(녹말가루 2큰술, 물 2큰술), 참기름 1/2큰술

누룽지탕

바삭하게 튀긴 누룽지에 소스를 끼얹을 때 나는 치익 소리만 들어도 입안에 군침이 고여요. 밥을 짓고
생긴 누룽지나 시판 누룽지를 이용해 집에서도 맛있는 해물누룽지탕을 만들어보세요.

오징어는 몸통에 칼집을 내어 먹기 좋게 썰고, 새우는 껍질을 벗기고, 해삼은 송송 썰어요. 표고버섯, 대파는 채 썰고, 청경채는 가닥을 떼어요.

끓는 물에 오징어, 새우, 해삼을 넣고 청주를 넣어 살짝 데쳐 물기를 빼요.

달군 팬에 식용유를 두르고 대파, 다진 마늘을 볶아 향을 내다가, 오징어, 새우, 해삼, 표고버섯, 청경채를 넣고 볶아요.

분량의 소스 재료를 섞어 붓고 끓으면 녹말물을 넣고 참기름, 소금, 후추로 간해요.

튀김기름에 열이 오르면 누룽지를 넣고 재빨리 튀겨요.

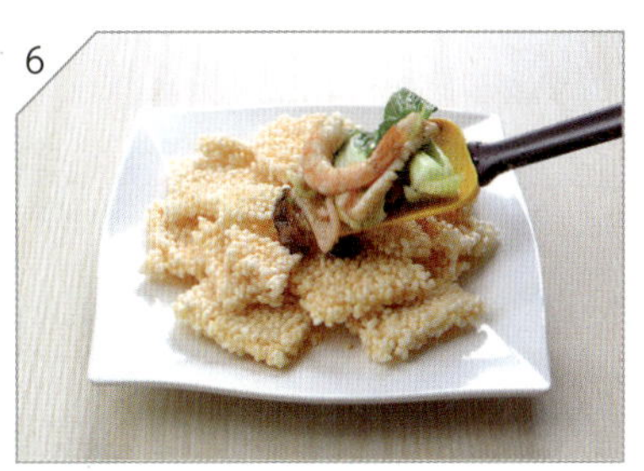

접시에 튀긴 누룽지를 담고 먹기 직전에 소스를 끼얹어요.

Ready `2~3인분`

- [ ] 누룽지 … 4쪽(5×5cm)
- [ ] 오징어 몸통 … 1마리
- [ ] 새우 … 5마리
- [ ] 해삼 … 2마리
- [ ] 표고버섯 … 3개
- [ ] 대파 … 1/2대
- [ ] 청경채 … 2포기
- [ ] 청주 … 1큰술
- [ ] 다진 마늘 … 1큰술
- [ ] 녹말물 … 3큰술(녹말가루 1.5큰술, 물 1.5큰술)
- [ ] 참기름 … 1/2큰술
- [ ] 소금·후추 … 약간씩
- [ ] 식용유 … 약간
- [ ] 튀김기름 … 적당량
- [ ] 소스
  굴소스 1큰술, 간장 1/2큰술, 설탕 1/2큰술, 청주 1큰술, 생강가루 1작은술, 해물 데친 육수 1컵

칠리새우

중국집 단골 메뉴인 반짝반짝 윤이 나고 매콤달콤한 칠리새우를 집에서 직접 만들어보세요.
비교적 새우 가격이 저렴해서 집에서도 부담 없이 새우요리를 즐길 수 있어요.

칵테일새우를 준비하고, 양파와 빨강 · 노랑 · 주황 파프리카는 먹기 좋은 크기로 깍둑썰어요.

새우는 분량의 밑간 재료로 밑간해 20~30분 정도 재워요.

밑간한 새우에 녹말가루를 무치고, 튀김가루, 얼음물을 섞어 만든 튀김반죽에 넣어 튀김옷을 입혀요.

튀김기름에 새우를 넣고 노릇하게 튀겨 키친타월에 얹어 기름기를 빼요.

달군 팬에 식용유를 두르고 다진 마늘, 양파를 볶다가 파프리카를 넣어 볶고, 분량의 칠리소스 재료를 섞어 넣고 끓여요.

소스가 끓으면 튀긴 새우를 넣고 재빨리 고루 버무려요.

Ready `2~3인분`

□ 칵테일새우(중하) … 20마리
□ 양파 … 1/4개
□ 빨강 · 노랑 · 주황 파프리카 … 1/4개씩
□ 다진 마늘 … 1큰술
□ 튀김기름 … 적당량
□ **밑간**
　청주 2큰술, 소금 · 후추 약간씩
□ **새우 튀김옷**
　녹말가루 5큰술, 튀김가루 10큰술, 얼음물 7큰술
□ **칠리소스**
　스위트칠리소스 4큰술, 케첩 3큰술, 올리고당 2큰술, 식초 2큰술, 청주 2큰술, 매실청 1큰술

난자완스

중국의 대표적인 완자요리인 난자완스. 동글동글 빚은 완자요리는 아이들도 좋아한답니다.
속까지 든든하게 만드는 인기만점 중국요리예요.

다진 돼지고기는 키친타월로 핏물을
제거하고 분량의 **밑간** 재료로 밑간해
30분간 재워요.

밑간한 돼지고기에 달걀, 녹말가루를
풀어 여러 번 치대어 반죽해 동글납작
하게 완자를 빚어요.

Ready 2~3인분

□ 다진 돼지고기 … 500g
□ 표고버섯 … 3개
□ 죽순 … 1줌
□ 청경채 … 1줌
□ 대파 … 1대
□ 통마늘 … 4쪽
□ 다시마물(또는 물) … 1.5컵
□ 식용유 … 적당량

□ **밑간**
간장 1큰술, 청주 1큰술, 다진 파
2큰술, 다진 마늘 1큰술, 생강즙
1작은술, 후추 약간

□ **반죽**
달걀 1개, 녹말가루 2큰술

□ **양념**
간장 1큰술, 청주 1큰술, 굴소스
2큰술, 설탕 1/2큰술, 다진 마늘
1큰술, 후추 약간

□ **녹말물**
녹말가루 1큰술, 물 2큰술

팬에 식용유를 넉넉히 붓고 완자를 넣
어 중불에서 속까지 익도록 튀겨요.

달군 팬에 식용유를 두르고 길게 썬
대파와 편으로 썬 마늘을 볶다가 간
장, 청주를 넣고, 채썬 표고버섯, 채썬
죽순을 넣어 볶아요.

4에 튀긴 완자를 넣고, 굴소스, 설탕,
다진 마늘, 후추를 섞고 다시마물을
부어 끓이다가 녹말물을 섞어 걸쭉하
게 만들어요.

소스를 끼얹어가며 2분간 조리다가 청
경채를 넣어 숨이 죽으면 그릇에 담아
내요.

참치샌드위치

통조림 참치 하나로 폼 나는 샌드위치를 만들 수 있어요. 고소한 크루아상에 고단백 참치를 듬뿍 넣어 만든 참치샌드위치는 출출할 때 간식은 물론 한 끼 식사로도 손색이 없어요.

Ready `2개 분량`

□ 크루아상 … 2개
□ 통조림 참치 … 100g
□ 양상추 … 2잎

□ **밑간**
  올리브유 1큰술, 발사믹식초 1큰술

□ **소스**
  다진 양파 1큰술, 다진 당근 1큰술, 다진 오이피클 1큰술, 삶은 달걀 1개, 마요네즈 5큰술, 레몬즙 1작은술, 소금 약간

1 통조림 참치는 체에 밭쳐 기름기를 빼요. 참치에 분량의 **밑간** 재료를 넣고 섞어요.

2 달걀은 완숙으로 삶아 다져요. 볼에 분량의 **소스** 재료를 넣고 고루 버무려요.

3 크루아상을 반으로 갈라 사이에 양상추를 가지런히 펼쳐요.

4 양상추 위에 양념한 참치를 얹고, 소스를 꼼꼼하게 얹어, 빵이 잘 붙도록 살며시 눌러줘요.

수제 햄버거

아이들은 유난히 햄버거를 사랑하죠. 그러나 패스트푸드 햄버거는 건강상의 이유로 아이에게 먹이지 않게 되네요. 홈메이드 햄버거는 질 좋은 고기와 채소로 만들기 때문에 안심하고 아이에게 줄 수 있어요.

1 달군 팬에 식용유를 두르고 다진 양파를 달달 볶아요. 볼에 분량의 햄버거패티 재료를 넣고 끈기가 생기도록 5분간 손으로 치대요.

2 패티는 빵보다 약간 크고 둥글납작하게 빚어서 한가운데를 살짝 누른 후 식용유를 두른 팬에서 노릇하게 굽다가 뚜껑을 덮고 중불에서 속까지 천천히 익혀요.

3 햄버거빵은 살짝 구워 반으로 갈라 버터와 머스터드소스를 각각 발라요.

4 햄버거빵에 슬라이스치즈, 양상추, 햄버거패티, 길쭉하게 편으로 썬 오이피클, 0.5cm 두께로 모양을 살려 썬 양파, 토마토 순으로 얹고 햄버거빵을 얹어요.

Ready `2인분`

- □ 햄버거빵 … 2개
- □ 슬라이스치즈 … 2장
- □ 양파 … 1/4개
- □ 토마토 … 2쪽
- □ 오이피클 … 2개
- □ 양상추 … 2잎
- □ 시판 스테이크소스 … 2큰술
- □ 버터·머스터드소스 … 약간씩
- □ 식용유 … 약간
- □ **햄버거패티**
  다진 쇠고기 160g, 다진 양파 6큰술, 다진 마늘 1/2큰술, 달걀 1개, 빵가루 4큰술, 우스터소스 1큰술, 설탕 1/2큰술, 소금 1/2작은술, 후추 약간

Cooking Tip

완성된 햄버거는 빵과 재료들이 잘 달라붙도록 포일이나 종이로 감싸요.

고구마피자

달콤한 고구마는 식이섬유와 비타민 등이 풍부해 아이들 간식을 만들 때 즐겨 활용한답니다. 고구마를 넉넉히 으깨어 아이들이 자유롭게 떠먹을 수 있는 피자를 만들면 한판을 게 눈 감추듯 먹어버려 깜짝 놀라죠.

고구마는 깨끗이 씻어서 찜통에 넣고
20분간 쪄요.

베이컨, 피망, 빨강·노랑 파프리카를
같은 크기로 잘게 네모썰기해요. 올리
브는 동글동글하게 편으로 썰어요.

□ 고구마 … 3개(중)
□ 베이컨 … 4장
□ 피망 … 1/2개
□ 빨강·노랑 파프리카 … 1/4개씩
□ 올리브 … 5개
□ 꿀 … 2큰술
□ 모차렐라치즈 … 1컵
□ 토마토소스(스파게티소스) … 3
　큰술
□ 파슬리가루 … 약간

고구마가 푹 무르면 뜨거울 때 껍질을
벗겨 주걱으로 으깨어 꿀을 섞어요.

으깬 고구마는 오븐 그릇에 도톰하게
모양 잡아 펼쳐요.

고구마 위에 토마토소스를 바르고, 베
이컨, 피망, 파프리카, 올리브를 고루
얹고 모차렐라치즈를 뿌려 180도로 예
열한 오븐에서 15분간 구워요. 노릇하
게 구워지면 파슬리가루를 뿌려요.

초밥케이크

간단한 식사를 하고 싶을 때, 매일 먹는 밥이 지루할 때, 아이들에게 점수 따고 싶을 때, 알록달록 색색들이 예쁜 초밥케이크를 만들어보세요. 작은 축하 모임에 초를 꽂아 축하 케이크로 활용해도 이색적이랍니다.

마른 표고버섯은 미지근한 물에 불려 잘게 다지고, 오이, 당근도 잘게 다져요. 달걀은 지단을 부쳐 채썰고, 새우는 끓는 물에 살짝 데쳐요.

표고버섯은 분량의 **표고버섯 조림장** 재료를 넣고 약불에서 조림장이 완전히 졸아들 때까지 조려요. 당근은 끓는 물에 살짝 데쳐 참기름, 소금으로 무치고, 오이는 소금을 넣고 살짝 절인 후 꼭 짜서 참기름으로 무쳐요.

□ 밥 … 2공기
□ 새우(중하) … 2마리
□ 마른 표고버섯 … 3개
□ 오이 … 1/2개
□ 당근 … 1/2개
□ 달걀 … 2개
□ 소금 · 식용유 … 약간씩
□ **표고버섯 조림장**
   간장 1.5큰술, 설탕 2/3큰술, 맛술 1큰술, 물 1/2컵
□ **당근 양념**
   참기름 1/2큰술, 소금 1/3큰술
□ **오이 양념**
   참기름 1/2큰술, 소금 1/3큰술 (절일 때)
□ **배합초**
   식초 2큰술, 설탕 1큰술, 소금 1/3큰술

분량의 **배합초** 재료를 섞어 따뜻한 밥에 잘 섞어 초밥을 만들어요.

우묵한 그릇 안쪽에 비닐랩을 깔고 채썬 달걀지단을 고루 펼쳐요.

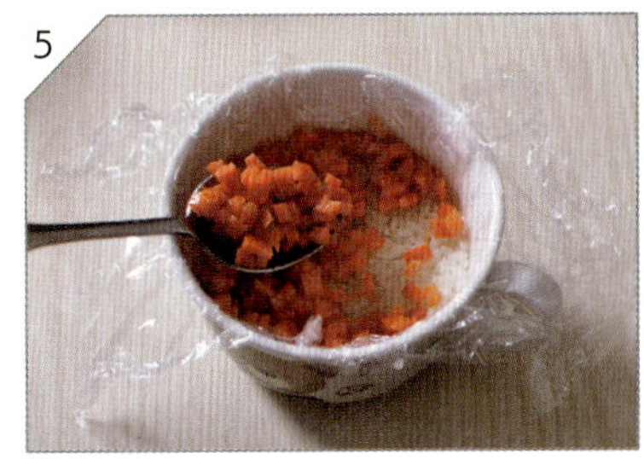

달걀지단 위에 밥을 꼼꼼히 얹은 후 당근을 얹어요.

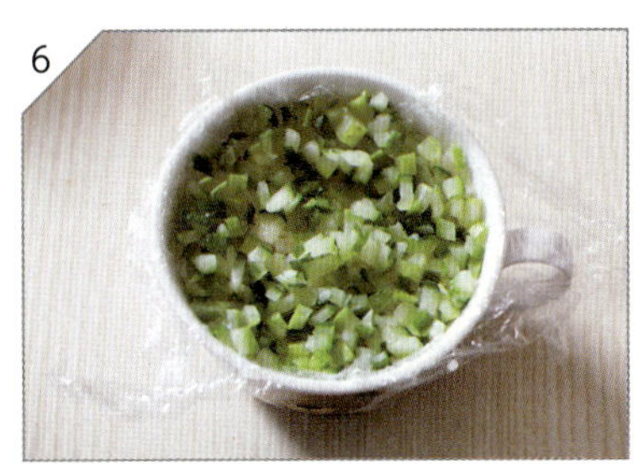

다시 밥을 얹고 오이를 얹은 후 밥, 표고버섯, 밥 순서로 얹어요. 재료들이 흐트러지지 않도록 비닐랩째 들어서 접시에 뒤집어 얹은 후 새우로 장식해요.

단호박치즈돈까스

바삭바삭 고소한 돈까스지만 높은 칼로리 때문에 부담스러울 때가 많아요. 달콤하고 칼로리도 낮은 단
호박을 듬뿍 넣으니 부드러운 맛도 좋고 칼로리 부담도 덜어주네요. 아이를 위한 건강 돈까스로 제격이
랍니다.

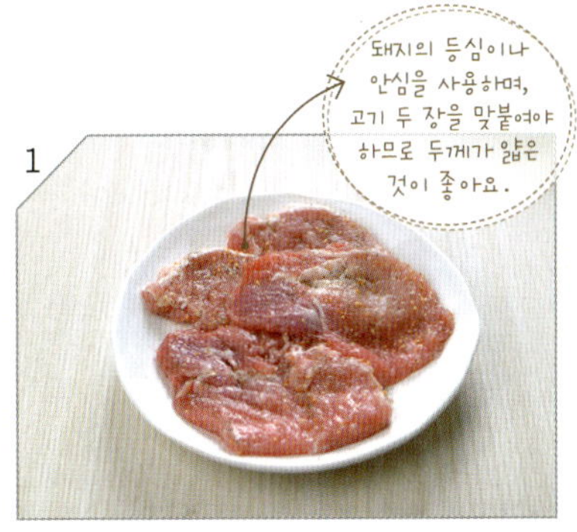

1 돈까스용 돼지고기에 칼집을 내고 분량의 밑간 재료를 뿌려 30분간 재워요.

2 단호박은 전자레인지에 약 10분간 쪄서 곱게 으깨요.

Ready

2인분

- 돼지고기(등심) … 4장
- 단호박 … 1/4개
- 모차렐라치즈 … 4큰술
- 밀가루 … 1/2컵
- 달걀 … 2개
- 빵가루 … 1컵
- 튀김기름 … 적당량
- **밑간**
  청주 2큰술, 다진 마늘(또는 마늘가루) 1큰술, 소금 1큰술, 후추 약간

3 밑간한 돼지고기에 으깬 단호박과 모차렐라치즈를 얹어요.

4 밑간한 돼지고기를 위에 덮고 잘 달라붙게 손바닥으로 눌러줘요.

5 돼지고기에 밀가루를 가볍게 묻힌 후 달걀을 풀어 묻히고, 빵가루를 단단히 입혀요.

6 튀김기름에 열이 오르면 돈까스를 넣고 중불로 줄여 타지 않도록 천천히 튀겨요.

Cooking Tip

다른 튀김요리와 달리 돈까스는 두 번 튀기지 않아요. 두 번 튀기면 고기가 기름을 많이 흡수해서 느끼해지기 때문이에요.

찹스테이크

스테이크는 폼 잡고 칼로 썰어 먹어야만 맛이 아니랍니다. 한입 크기로 썰어 구운 찹스테이크는 먹기
도 편하고 하나하나 소스가 잘 배어 있어 맛도 더 좋답니다. 한입에 쏙쏙 들어가니 아이들이 먹기에도
좋아요.

쇠고기는 키친타월로 핏물을 닦아요.

쇠고기를 사방 2cm 크기로 도톰하게 썰어 올리브유를 뿌려 1시간 정도 재워요.

□ 쇠고기(안심 또는 등심) … 300g
□ 양파 … 1/2개
□ 피망 … 1/2개
□ 빨강·노랑 파프리카 … 1/4개씩
□ 레드와인 … 3큰술
□ 올리브유 … 약간
□ 허브소금 … 약간
□ **쇠고기 밑간**
  올리브유 2큰술
□ **찹스테이크소스**
  시판 스테이크소스 3큰술, 케첩 4큰술, 머스터드 1큰술, 핫소스 1큰술

양파, 피망, 빨강·노랑 파프리카는 모두 네모지게 썰어요.

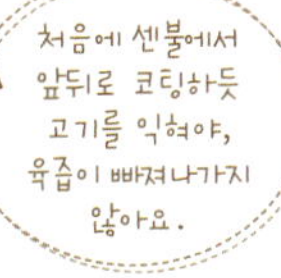

달군 팬에 올리브유를 두르고 재워놓은 쇠고기와 레드와인을 넣어 센불에서 재빨리 앞뒤로 익힌 후 중불로 줄여 3~4분간 익혀요.

분량의 **찹스테이크소스** 재료를 섞어 넣어요.

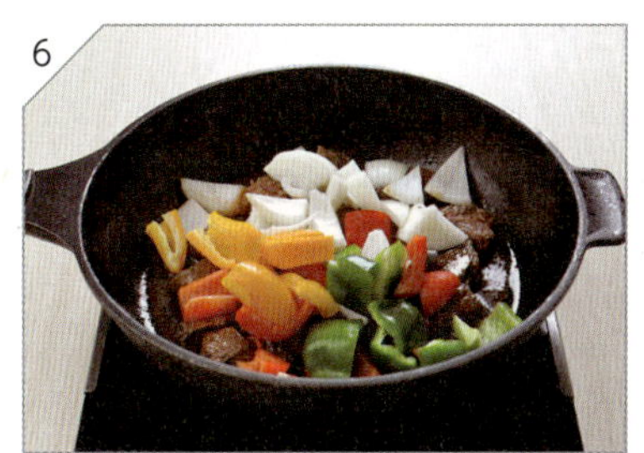

양파, 피망, 파프리카를 넣고 살짝 볶다가 허브소금으로 간해요.

크리스피치킨

바삭바삭 고소한 치킨은 모든 아이들이 좋아한답니다. 유난히 튀김옷이 고소하고 오톨도톨한 크리스피
치킨을 집에서 깨끗한 기름으로 만들어 더욱 바삭하고 고소하게 즐기세요.

1

닭은 한입 크기로 토막 내어 분량의 **밑간** 재료로 무쳐 냉장고에서 2~3시간 숙성시켜요.

2

숙성된 닭은 분량의 **튀김옷** 재료를 섞어 가볍게 입혀요. 분량의 **튀김반죽** 재료를 섞어 반죽을 만들고 튀김옷을 입힌 닭에 고루 반죽을 입혀요.

- □ 닭 … 1마리(1kg)
- □ 튀김기름 … 적당량
- □ **밑간**
  카레가루 1큰술, 양파즙 3큰술, 다진 마늘 1큰술, 생강즙(또는 생강가루) 1/2큰술, 맛술 2큰술, 소금 1작은술, 후추 약간
- □ **튀김옷**
  튀김가루 1/2컵, 녹말가루 1/2컵
- □ **튀김반죽**
  튀김가루 1/2컵, 녹말가루 1/2컵, 카레가루 1/2큰술, 달걀 1개, 물 1/2컵

3

반죽한 닭은 다시 튀김옷을 충분히 입혀요.

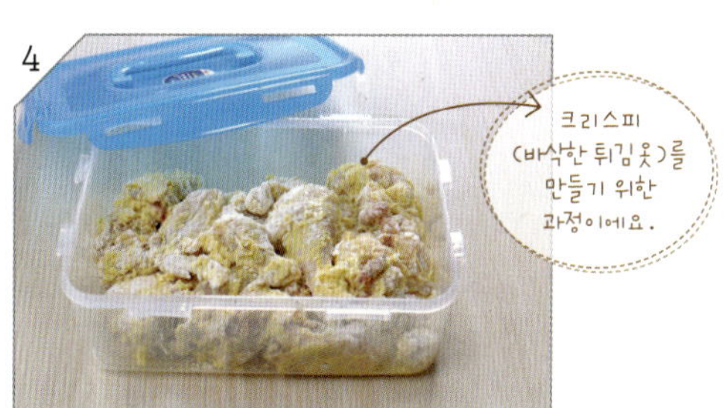

4

밀폐용기에 닭을 넣고 튀김옷이 골고루 입혀지도록 충분히 흔들어요.

5

170~180도로 달궈진 튀김기름에 닭을 넣고 노르스름하게 튀겨서 건져내 한김 식히고, 다시 한 번 노릇노릇하게 튀겨요.

Cooking Tip

170~180도의 튀김 온도는 튀김옷을 떨어트려 보았을 때 튀김옷이 중간까지 가라앉다가 바로 솟아오르는 정도랍니다. 닭 튀김은 두 번 튀겨야 속까지 완전히 익고 바삭바삭해요.

닭강정

아무리 먹어도 아이들이 싫증 내지 않는 간식이에요. 매콤한데도 씩씩거리며 잘 먹는 아이들의 모습을
보며 정성을 다해 만들어주는 단골 메뉴랍니다. 바로 튀겨내어 먹으니 더욱 고소해요.

1 닭가슴살은 한입 크기로 잘라 분량의 **밑간** 재료로 밑간해 30분간 재워요.

2 밑간한 닭가슴살에 튀김가루 1/3컵을 가볍게 묻혀요. 튀김가루 2/3컵에 찬물을 동량으로 붓고 잘 개어 닭가슴살을 버무려요.

□ 닭가슴살 … 2쪽(200g)
□ 튀김가루 … 1컵
□ 찬물(또는 얼음물) … 2/3컵
□ 땅콩가루 … 1큰술
□ 검은깨 … 1큰술
□ 튀김기름 … 적당량

□ **밑간**
　청주 1큰술, 허브소금 1/2큰술, 생강가루 1/3큰술

□ **강정소스**
　고추장 1큰술, 케첩 1큰술, 핫소스 1큰술, 딸기잼 1큰술, 간장 1큰술, 양파즙 5큰술, 맛술 1큰술, 꿀 1큰술, 설탕 1/2큰술, 다진 마늘 1/2큰술

3 열이 오른 튀김기름에 닭가슴살을 넣고 튀겨 키친타월에 얹어 한김 식힌 후 다시 바삭하게 튀겨요.

4 팬에 분량의 **강정소스** 재료를 섞어 넣고 약불에서 바글바글 끓여요.

5 소스가 걸쭉하게 끓으면 튀긴 닭가슴살을 넣고 가볍게 버무려요.

6 불을 끄고 땅콩가루와 검은깨를 뿌려요.

토마토카프레제

이탈리아 카프리섬에서 유래된 샐러드로 이탈리아 국기의 색을 그대로 재현한 요리랍니다. 신선한 토마토, 향기로운 바질, 고소한 치즈, 발사믹드레싱의 조화로움으로 레스토랑 인기 메뉴랍니다.

Ready

- □ 토마토 … 2개(중)
- □ 모차렐라치즈 … 150g
- □ 바질잎 … 1줌
- □ 양상추 … 1잎
- □ 파마산치즈가루 … 2큰술
- □ **발사믹드레싱**
  발사믹식초 1큰술, 올리브유 2큰술, 소금 1작은술, 후추 약간, 레몬즙 1/2큰술

1 토마토는 깨끗이 씻어서 반달모양으로 썰어요.

2 모차렐라치즈는 토마토 크기에 맞춰 얇게 썰어요. 분량의 **발사믹드레싱** 재료를 섞어요.

3 양상추는 깨끗이 씻어서 한입 크기로 찢어 찬물이나 얼음물에 담가 싱싱함이 살아나게 해요.

4 넓은 접시에 토마토, 모차렐라치즈, 바질잎 순으로 가지런히 돌려 담고 가운데 양상추를 올린 후 파마산치즈가루를 뿌리고 발사믹드레싱을 곁들여내요.

레몬크림새우

튀긴 새우의 맛을 한층 끌어 올려 자꾸 먹고 싶은 메뉴랍니다. 술안주는 물론 아이들 간식으로도 좋아요. 레몬크림소스를 제대로 맛내는 것이 맛의 비결입니다.

1

새우는 껍질을 벗기고 등의 내장을 제거하고 분량의 **밑간** 재료로 밑간해요.

2

새우는 튀김가루를 살짝 묻히고, 분량의 **튀김반죽** 재료를 섞어 반죽을 입혀요.

3

튀김기름에 열이 오르면 반죽을 입힌 새우를 넣고 3분간 바삭바삭하게 튀겨요.

4

분량의 **레몬크림소스** 재료를 섞어요. 레몬은 껍질째 씻어서 반달모양으로 얄팍하게 썰어요. 접시에 새우와 레몬을 담고 소스를 끼얹고 파슬리가루를 뿌려요.

Ready

- □ 새우(중하) … 15마리
- □ 레몬 … 1/2개
- □ 튀김가루 … 3큰술
- □ 튀김기름 … 적당량
- □ 파슬리가루 … 약간

□ **밑간**
소금 1작은술, 맛술 2큰술, 후추 약간

□ **튀김반죽**
녹말가루 2큰술, 튀김가루 2큰술, 달걀흰자 1개, 물 1/4컵

□ **레몬크림소스**
마요네즈 3큰술, 생크림 2큰술, 씨겨자 1/2큰술, 꿀 1큰술, 레몬즙 2큰술, 흰후추 약간

두부김치

두부 한 모를 쑹덩쑹덩 썰어서 김치와 돼지고기를 맛깔스럽게 볶아 곁들이면 손색없는 막걸리 안주가 된답니다. 만들기가 쉬워 초보 주부라도 뚝딱 만들 수 있는 일품 안주랍니다.

Ready

- □ 돼지고기(삼겹살 또는 목살) … 300g
- □ 두부 … 1모
- □ 배추김치 … 1/4포기
- □ 양파 … 1/2개
- □ 대파 … 1/2대
- □ 청양고추 … 1개
- □ 참기름 … 1큰술
- □ 통깨 … 약간
- □ 식용유 … 약간

- □ 고기 양념
  고추장 2큰술, 고춧가루 1큰술, 간장 2큰술, 다진 마늘 1큰술, 생강가루 1작은술, 설탕 1/2큰술, 물엿 1/2큰술, 청주 1큰술, 후추 약간

- □ 김치 양념
  설탕 1/2큰술, 다진 마늘 1/2작은술, 참기름 1/2큰술, 후추 약간

1 돼지고기는 한입 크기로 썰어 분량의 고기 양념 재료로 밑간해 냉장고에서 1시간 정도 숙성시켜요.

2 배추김치는 먹기 좋게 썰어 분량의 김치 양념 재료로 밑간해요.

3 달군 팬에 식용유를 약간 두르고 밑간한 돼지고기를 센불에서 달달 볶아요.

4 돼지고기가 익으면 밑간한 김치를 넣고 볶다가 채썬 양파, 어슷썬 대파, 청양고추를 넣어 볶아요. 두부를 큼직하게 썰어 참기름, 통깨를 뿌리고, 볶은 재료를 곁들여요.

오징어통구이

물오징어에 매운 양념을 발라 통째로 구
우면 오징어의 부드러움과 칼칼한 맛을
함께 즐길 수 있어요. 오징어볶음보다
좀 더 개운한 오징어 별미요리로 즉석에
서 후다닥 해먹을 수 있어요.

1

오징어는 껍질과 내장을 제거하고
몸통을 가르지 말고 깨끗이 씻어 몸
통에 0.5cm 간격으로 칼집을 내요.

2

분량의 양념 재료를 섞어요.

3

달군 팬에 식용유를 약간 두르고,
오징어를 앞뒤로 살짝 구워요.

4

살짝 구운 오징어에 양념을 발라가
며 타지 않도록 구워 다진 파를 뿌
려요.

Ready

- ☐ 오징어 … 1마리(대)
- ☐ 다진 파 … 2큰술
- ☐ 식용유 … 약간
- ☐ **양념**
  고추장 1큰술, 고춧가루 1/2큰
  술, 간장 1작은술, 물엿 1/2큰술,
  설탕 1/2큰술, 청주 1큰술, 다진
  마늘 1작은술, 참기름 1작은술,
  후추 · 통깨 약간씩

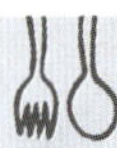

골뱅이무침

쫄깃한 골뱅이는 맥주 안주의 대명사처럼 인식될 만큼 인기랍니다. 맛깔스러운 양념장에 조물조물 무쳐
내면 쫄깃쫄깃한 맛이 입맛을 살리는 별미 메뉴랍니다.

양파, 당근은 채썰고, 오이, 청양고추
는 어슷썰어요.

대파는 가늘고 길게 채썰어 찬물에 20
분 정도 담갔다가 물기를 빼요.

통조림 골뱅이는 체에 밭쳐 국물은 따
로 준비하고 골뱅이는 먹기 좋게 한입
크기로 썰어요.

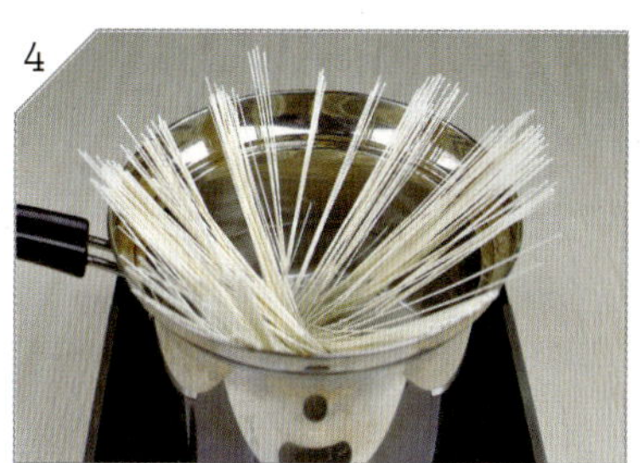

끓는 물에 소면을 넣고 삶다가 끓어오
르면 찬물 한 컵을 붓고 다시 끓여요.
이런 과정을 두 번 정도 반복한 후 소
면을 찬물에 문질러 씻어 체에 밭쳐
물기를 빼요.

반건조 오징어는 살짝 구워 가늘고 길
게 찢어요.

볼에 골뱅이, 찢은 오징어, 대파, 양
파, 오이, 당근, 청양고추를 넣고, 분
량의 양념장 재료를 넣고 고루 버무려
요. 접시에 깻잎을 깔고 사리 지은 소
면과 골뱅이무침을 담아요.

Ready

- □ 통조림 골뱅이 … 1캔(400g)
- □ 반건조 오징어 … 1마리
- □ 오이 … 1/2개
- □ 양파 … 1/2개
- □ 당근 … 1/2개
- □ 대파 … 2대
- □ 청양고추 … 2개
- □ 깻잎 … 2장
- □ 소면 … 200g
- □ 양념장

  고추장 3큰술, 고춧가루 4큰술,
  골뱅이 국물 1/3컵, 간장 3큰술,
  식초 2큰술, 설탕 2큰술, 물엿 3
  큰술, 매실청 2큰술, 청주 1큰술,
  다진 마늘 1큰술, 생강가루 1작
  은술, 소금 약간

아몬드닭꼬치

닭꼬치의 기본인 닭가슴살과 파를 교대로 끼우고, 고소한 아몬드를 솔솔 뿌린 매콤한 아몬드닭꼬치는
하나씩 쏙쏙 빼먹는 재미가 있어요. 매콤달콤한 소스를 정성껏 발라 구우면 칼칼한 맛이 입맛을 살리는
안주가 된답니다.

1

닭가슴살은 30분간 우유에 재워 닭의
비린내, 잡냄새를 없애요.

2

닭가슴살은 물기를 제거하고, 약 4cm
크기로 썰어 분량의 **밑간** 재료로 밑간
해 30분간 재워요.

3

분량의 **양념** 재료를 섞어요.

4

꼬치에 밑간한 닭가슴살과 큼직하게
썬 대파를 번갈아 끼워요.

5

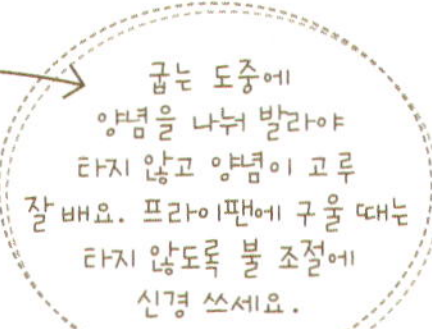

닭꼬치에 올리브유를 고루 발라 180도
로 예열한 오븐에서 7~8분간 구워요.
굽는 도중 양념을 2~3번 정도 나눠서
덧발라가며 타지 않게 구워 슬라이스
아몬드와 검은깨를 뿌려요.

오코노미야끼

일본식 부침개인 오코노미야끼로 조금 색다른 술안주를 준비해보세요. 해물과 양배추가 듬뿍 들어가 칼로리 부담도 다소 덜 수 있어요. 고소한 소스를 뿌려 먹는 이색적인 맛 때문에 인기가 많은 메뉴랍니다.

돼지고기는 잘게 썰고, 오징어, 양배추, 양파는 채썰고, 대파는 어슷썰며, 새우살과 숙주를 준비해요.

돼지고기는 분량의 **밑간** 재료로 재워 달군 팬에 식용유를 약간 두르고 국물이 생기지 않도록 바싹 볶아요.

분량의 **반죽** 재료를 섞어 반죽을 만들어요.

돼지고기, 오징어, 새우살, 양배추, 양파, 대파, 숙주를 한데 넣고 반죽을 부어 뒤섞어요.

달군 팬에 식용유를 두르고 반죽을 도톰하게 올려 약불에서 천천히 앞뒤로 노릇노릇하게 부쳐요.

접시에 담고 돈까스소스와 마요네즈를 충분히 뿌린 후 가쓰오부시를 듬뿍 얹어내요.

Ready　2인분

- [ ] 돼지고기(목삼겹살 또는 살코기) … 100g
- [ ] 새우살 … 1/2컵
- [ ] 오징어 … 1/2마리
- [ ] 양배추 … 1/8개
- [ ] 양파 … 1/2개
- [ ] 숙주 … 1줌
- [ ] 대파 … 1/2대
- [ ] 가쓰오부시 … 1줌
- [ ] 돈까스소스 · 마요네즈 … 약간씩
- [ ] 식용유 … 약간

밑간
간장 1큰술, 맛술 1/2큰술, 설탕 1작은술, 후추 약간

반죽
밀가루 1컵, 달걀 1개, 새우가루 1큰술, 후추 약간, 물 2/3컵

참치타다끼

참치타다끼는 참치회를 좀 더 각별하게 즐기는 요리랍니다. 겉면만 살짝 익히고 속은 레어 상태라 색다
른 식감을 느낄 수 있죠. 가벼운 술안주로 그만이랍니다.

냉동 참치는 미지근한 소금물에 녹인 후 키친타월로 물기를 제거해요.

달군 팬에 올리브유를 살짝 두르고 센 불에서 참치의 겉면만 가볍게 익혀요.

모서리까지 돌려가면서 겉면만 하얗게 살짝 익혀요.

겉면을 익힌 참치는 얼음물에 넣어 열기를 식히고 키친타월로 물기를 제거해요.

분량의 폰즈소스 재료를 섞어요.

참치는 먹기 좋게 가지런히 썰어요. 먹기 직전에 참치 위에 폰즈소스를 뿌리고 레몬, 무순을 곁들여내요.

Ready

- 참치 … 200g
- 레몬 … 2조각
- 무순 … 약간
- 얼음물 … 약간
- 올리브유 … 약간
- 소금 … 약간
- **폰즈소스**
  간장 2큰술, 맛술 2큰술, 설탕 1큰술, 무즙 2큰술, 다진 파 1큰술, 참기름 1/2큰술, 통깨 1큰술, 레몬즙 1큰술

대합 치즈구이

커다란 조개, 대합을 껍데기까지 이용해서 요리하니 더욱 먹음직스럽답니다. 쫄깃쫄깃한 대합살을 고소
하게 볶아 치즈를 얹어 구우니 일품요리로 손색이 없어요.

대합은 옅은 소금물에 5~6시간 정도 담가 해감해요.

해감한 대합은 살을 발라내어 잘게 다지고, 양파, 피망, 빨강·노랑 파프리카도 잘게 다져요.

달군 팬에 버터를 두르고 다진 마늘을 볶다가 대합살, 청주를 넣고 볶아요.

다진 양파, 피망, 파프리카도 넣고 볶다가 소금, 후추로 간해요.

볶은 재료를 대합 껍데기에 꼼꼼히 채워요.

모차렐라치즈를 소복하게 얹어 190도로 예열한 오븐에서 15분간 노릇노릇하게 구워요.

Ready

- 대합 … 2개
- 양파 … 1/4개
- 빨강·노랑 파프리카 … 1/4개씩
- 피망 … 1/4개
- 다진 마늘 … 1큰술
- 모차렐라치즈 … 2/3컵
- 버터 … 2큰술
- 청주 … 1큰술
- 소금·후추 … 약간씩

로스트치킨

닭을 통째로 오븐에 구우니 기름기가 쫙 빠지고 껍질은 바삭바삭. 먹기도 전에 군침이 고이는 로스트치
킨은 여럿이 모인 자리에서 더욱 환영받는답니다.

닭은 꽁무니와 주변의 두꺼운 지방을 떼고 흐르는 물에 안쪽까지 깨끗이 씻어 물기를 빼요.

볼에 우유와 화이트와인을 붓고 닭을 넣어 30분 정도 담가 비린내, 잡내를 제거해요.

분량의 닭 밑간 재료를 섞어요.

재워둔 닭의 물기를 털고 3의 양념을 닭에 간이 고루 배게 문질러 1시간 정도 재워요. 이때 닭의 뱃속까지 양념을 문질러요.

잡내를 제거한 닭의 뱃속에 잘게 썬 분량의 속재료를 넣고 양쪽 날개를 등 위로 살짝 비틀어 꼬고, 닭다리 안쪽에 칼집을 내어 다리를 엇갈리게 꼬아요.

녹인 버터를 닭에 고루 바르고, 1차 구이로 190도로 예열한 오븐에 30분간 굽고, 2차 구이는 170도에서 30분간 구워요.

딸기샐러드

새빨갛고 앙증맞은 딸기 한 바구니를 사서 식탁 위에 올려놓으니 향긋한 딸기향이 폴폴 후각을 자극하네요. 상큼한 드레싱을 끼얹어 만든 샐러드가 기분까지 업시켜주네요.

**Ready**

- □ 딸기 … 12개(중간 크기, 200g)
- □ 양상추 … 3장
- □ 베이비채소 … 1줌

- □ **딸기드레싱**
- 딸기 5개, 마요네즈 3큰술, 레몬즙 2큰술, 꿀 1큰술, 소금·흰후추 약간씩

1

양상추는 깨끗이 씻어 한입 크기로 잘라 얼음물이나 찬물에 잠시 담가요.

2

딸기는 깨끗이 씻어 꼭지를 떼고, 양상추와 베이비채소는 씻어서 물기를 빼요.

3

분량의 **딸기드레싱** 재료를 믹서기에 넣어 갈아요.

4

딸기는 크기에 따라 2~4등분으로 잘라 양상추, 베이비채소와 함께 접시에 담고 드레싱을 곁들여내요.

블루베리샐러드

암 예방, 노화 방지, 시력 보호에 좋은 블루베리의 항산화 능력은 모든 과일과 채소 중 1위라고 합니다. 블루베리를 듬뿍 넣은 건강샐러드로 가족들 건강도 챙겨보세요.

1

블루베리는 깨끗이 씻어 물기를 충분히 빼요.

Ready

- □ 블루베리 … 1/2컵
- □ 양상추 … 1/4통
- □ 식빵 … 1장

□ **블루베리드레싱**
블루베리 1큰술, 플레인 요구르트 1통, 꿀 1큰술, 레몬즙 1큰술

2

달군 팬에 기름을 두르지 말고 잘게 자른 식빵을 올려 약불에서 노릇노릇하게 구워요.

3

믹서기에 분량의 블루베리드레싱 재료를 넣고 곱게 갈아요.

4

접시에 먹기 좋게 찢은 양상추를 담고 구운 식빵(크루통)과 블루베리를 얹은 후 블루베리드레싱을 끼얹어내요.

토마토자몽샐러드

자몽은 식욕을 억제하고 지방 연소를 도와 다이어트에 도움을 준다고 해요. 토마토 역시 칼로리가 낮아 다이어트 식품으로 알려져 있죠. 두 가지 좋은 식품인 토마토와 자몽이 만나 건강샐러드가 되었답니다.

Ready

- □ 토마토 … 1개
- □ 자몽 … 1개(중)
- □ 베이비채소 … 1줌
- □ 생모차렐라치즈(또는 그라나 파다노치즈) … 2큰술

□ 오일드레싱
올리브유 2큰술, 레몬즙 2큰술, 식초 2큰술, 꿀 2큰술, 파슬리가루 1큰술, 소금 1/2큰술

1

자몽은 겉껍질을 벗겨 먹기 좋게 썰고, 토마토도 한입 크기로 썰어요.

2

분량의 **오일드레싱** 재료를 섞어 드레싱을 만들어요.

3

생모차렐라치즈(또는 그라나파다노치즈)를 강판에 갈아요.

4

접시에 자몽과 토마토를 골고루 펼쳐 담고 베이비채소를 얹은 후 갈아낸 치즈를 뿌려요. 오일드레싱을 곁들이거나 뿌려내요.

연어샐러드

손님상을 빛내주는 연어샐러드는 고급스러운 맛과 향으로 언제나 사랑받는 메뉴랍니다. 연어는 두뇌 발달에 좋은 DHA가 풍부해서 공부하는 아이들에게도 꼭 챙겨 먹이는 메뉴이기도 합니다.

훈제연어는 분량의 **연어 밑간** 재료를 고루 뿌려 30분간 재워요.

Ready

- □ 훈제연어 … 300g
- □ 양상추 … 2장
- □ 레몬 … 1/3개
- □ 올리브 … 4알

- □ **연어 밑간**
  로즈메리가루 1작은술, 레몬즙 1/2큰술, 후추 약간
- □ **유자드레싱**
  유자청 2큰술, 꿀 1/2큰술, 식초 1큰술, 레몬즙 2큰술, 소금·후추 약간씩

분량의 **유자드레싱** 재료를 섞어 드레싱을 만들어요.

양상추는 한입 크기로 찢어 얼음물이나 찬물에 담갔다가 물기를 빼요.

접시에 양상추를 담고 **밑간**한 연어와 잘게 썬 올리브, 얇게 편으로 썬 레몬을 고루 얹고 드레싱을 곁들이거나 뿌려내요.

리코타치즈샐러드

대부분의 치즈는 숙성(발효)이라는 시간을 거치고 만드는 방법 또한 복잡해요. 하지만 리코
타치즈는 간단하게 만들어 숙성시키지 않고 바로 먹을 수 있어 홈메이드 치즈로 적합하답니
다. 유난히 고소하고 느끼하지 않아 요즘 큰 인기를 끌고 있는 치즈랍니다.

□ 우유 ⋯ 1ℓ
□ 생크림 ⋯ 0.5ℓ
□ 레몬즙 ⋯ 1/3컵
□ 소금 ⋯ 1/2큰술

□ 리코타치즈샐러드
　베이비채소 1줌, 토마토 1개
□ 발사믹드레싱
　발사믹식초 2큰술, 올리브유 2
　큰술, 소금 1작은술, 레몬즙 1
　큰술

리코타치즈는 수분이 많은 연질치즈라 상하기 쉬
우니 먹을 만큼씩 만들어요. 남은 치즈는 냉장고
에서 일주일 정도 보관이 가능해요.

1

넉넉한 냄비에 우유와 생크림을 붓고
중불에서 서서히 끓이다가 끓으면 약
불로 줄여 레몬즙, 소금을 넣고 잘 저
어 1시간 정도 은근히 끓여요.

2

부드럽게 엉긴 치즈는 면보에 밭쳐 물
기를 거르고, 완전히 식으면 면보에 감
싼 채 손으로 지그시 눌러 남은 물기를
짜요.

3

물기를 짜낸 치즈는 반나절이나 하루
정도 냉장고에 넣어 차갑게 식혀요.

4

토마토를 먹기 좋은 크기로 썰고, 베이
비채소를 깨끗이 씻어 준비해요.

5

분량의 **발사믹드레싱** 재료를 섞어 드
레싱을 만들어요.

6

토마토, 베이비채소를 보기 좋게 담고
차갑게 식힌 리코타치즈를 한입 크기
로 떼어 얹어요. 발사믹드레싱을 뿌리
거나 곁들여내요.

차돌박이샐러드

차돌박이는 소의 양지머리에 붙은 하얀 기름진 고기로, 지방이 차돌처럼 단단하게 박혀 있
다고 해서 붙여진 이름이랍니다. 유난히 고소하고 쫄깃한 식감이 좋아 식혔다가 먹어도 맛
이 좋아요. 갖가지 채소와 간장드레싱을 곁들여 별미 샐러드로 즐겨보세요.

Ready

□ 쇠고기 차돌박이 … 600g
□ 양상추 … 1줌
□ 어린잎채소 … 1줌
□ 양파 … 1/2개
□ 당근 … 1/4개

□ **간장드레싱**
간장 4큰술, 다진 마늘 1큰술, 식초 4큰술, 설탕 1큰술, 매실청 2큰술, 맛술 1큰술, 참기름 1큰술, 통깨 1큰술

1 양파는 찬물에 10분간 담가 매운맛을 없애고 물기를 빼요.

2 양상추는 먹기 좋게 찢고, 어린잎채소는 깨끗이 씻어서 찬물이나 얼음물에 잠시 담갔다가 물기를 빼요.

3 분량의 **간장드레싱** 재료를 섞어요.

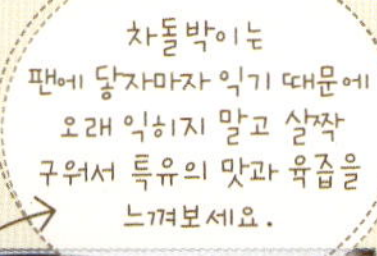

4 기름을 두르지 않은 팬에 얇게 썬 차돌박이를 살짝 구워요.

5 앞뒤로 살짝 구운 차돌박이를 키친타월로 가볍게 눌러 기름기를 닦아내요.

6 넓은 접시에 물기를 뺀 양파를 고루 깔고, 양상추, 차돌박이, 어린잎채소, 채 썬 당근을 보기 좋게 얹은 후 간장드레싱을 뿌려내요.

PART 04

가족 건강을 위한

건강식&보양식

인삼영양솥밥

찹쌀을 비롯해 인삼, 밤, 대추, 잣, 콩, 호두, 표고버섯 등을 넣고 밥을 짓는 영양솥밥은 강원도의 토속음식이랍니다. 요즘은 건강을 위해서 어디서나 많이 해먹는 웰빙음식이 되었지요. 여러 가지 잡곡과 견과류 등을 이용해서 영양이 듬뿍 들어간 솥밥을 지어보세요.

쌀과 찹쌀은 깨끗이 씻어 찬물에 30분 간 불려요.

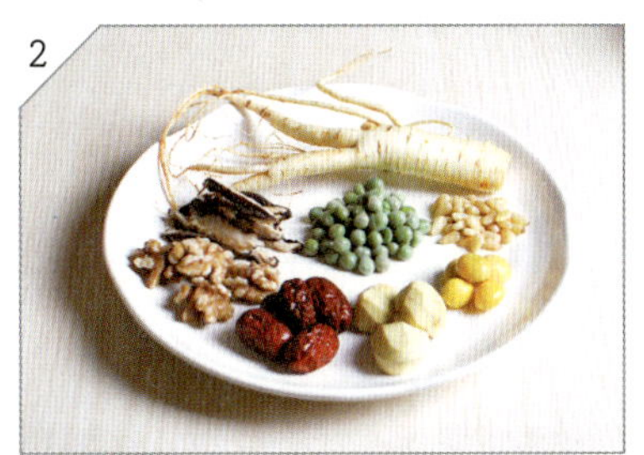

수삼은 깨끗이 씻어서 큰 것은 세로로 반을 갈라 이용하고, 작은 것은 통째로 이용해요. 대추, 잣, 호두, 밤, 은행, 완두콩을 준비하고, 표고버섯은 편으로 썰어요.

분량의 비빔장 재료를 섞어요.

솥을 달구어 참기름을 넣고 불린 쌀과 찹쌀, 소금을 넣고, 쌀이 투명해질 때까지 볶아요.

볶은 쌀에 밥물을 붓고, 수삼, 완두콩, 밤, 은행, 표고버섯을 넣고 뚜껑을 덮어 끓여요. 끓으면 약불로 줄여 뜸을 들여요.

불을 줄여 뜸 들일 때 대추, 잣, 호두를 넣어 쌀알이 푹 퍼지도록 뜸을 들여요.

Ready 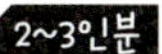 2~3인분

- □ 쌀 … 1컵
- □ 찹쌀 … 1컵
- □ 수삼 … 1~2뿌리
- □ 대추 … 5개
- □ 잣 … 1큰술
- □ 호두 … 3~4개
- □ 밤 … 1~4개
- □ 은행 … 8개
- □ 완두콩 … 2큰술
- □ 표고버섯 … 2개
- □ 참기름 … 1큰술
- □ 소금 … 1/4작은술
- □ 물 … 2.5컵
- □ 비빔장
  간장 4큰술, 다진 파 2큰술, 다진 마늘 1/2큰술, 고춧가루 1작은술, 설탕 1/2작은술, 참기름 1큰술, 통깨 1큰술

매생이굴국

매생이는 청정한 곳에서만 서식하는 대표적인 무공해식품으로 5대 영양소가 고루 들어있어요. 풋풋한 바다 향과 부드럽고 개운한 국물 맛으로 최근 많은 사랑을 받고 있는 매생이국으로 건강을 챙겨보세요.

Ready `2~3인분`

- □ 매생이 … 1덩이(200g)
- □ 굴 … 200g
- □ 다진 마늘 … 1큰술
- □ 국간장 … 1큰술
- □ 참기름 … 1큰술
- □ 멸치육수 … 6컵
- □ 소금 … 약간

1

매생이는 찬물에서 손으로 흔들어 가며 씻어 서너 번 깨끗이 헹궈 물기를 빼요.

2

굴은 옅은 소금물에 가볍게 흔들어 씻어서 찬물에 헹궈 물기를 빼요.

3

냄비에 참기름을 두르고 굴과 다진 마늘을 넣고 가볍게 볶아요. 굴이 하얗게 익기 시작하면 멸치육수를 붓고 끓여요.

4

멸치육수가 끓어오르면 매생이를 넣고 끓이다가 국간장을 넣고 모자라는 간은 소금으로 맞춰요.

꼬리곰탕

풍부한 단백질과 칼슘으로 원기 회복에 도움을 주는 꼬리곰탕은 온 가족의 건강을 위해 가끔 준비하는 보양식이랍니다. 뽀얀 국물이 제대로 우러나도록 푹 고아 부드러운 고기와 함께 먹다 보면 힘이 저절로 나는 듯합니다.

소꼬리는 찬물에 1시간 정도 담가 핏물을 빼요. 넉넉한 양의 끓는 물에 넣고 10분간 데쳐 따뜻한 물에 헹궈요.

큰 냄비에 분량의 고을 때 재료와 소꼬리를 넣고 끓여요. 끓으면 약불로 줄여서 은근하게 3시간가량 고아요.

Ready

- 소꼬리 … 2kg
- 밤 … 10개
- 대추 … 15개
- 다진 파 … 약간
- 소금·후추 … 약간씩
- **고을 때**
  무 200g, 양파 1개, 대파 1대, 통마늘 10쪽, 물 2.5ℓ, 청주 1/3컵

다 고아진 꼬리곰탕은 불을 끄고 한 김 식혀 기름기를 거둬요. 이때 무, 대파, 양파, 통마늘은 건져내고 무는 먹기 좋게 썰어요.

기름을 거둬낸 곰탕은 센불에서 밤, 대추를 넣고 재료들이 익을 때까지 한소끔 더 끓여요. 먹을 때 무를 넣고, 다진 파, 소금, 후추로 간해요.

우족탕

쫀득쫀득한 콜라겐이 듬뿍 들어있어 건강식으로 꼽히는 우족을 한나절 푹 고았더니 뽀얀 국물과 쫀득한
살코기가 일품인 우족탕이 완성되었어요. 우족탕은 원기 회복에 좋으니 가족들의 건강을 책임진다는 사
명감을 가지고 정성들여 만들어보세요.

우족은 찬물을 넉넉히 붓고 1시간 정도 핏물을 우려 물기를 빼요.

냄비에 물을 넉넉히 붓고 팔팔 끓으면 우족을 넣고 10분 정도 데쳐요.

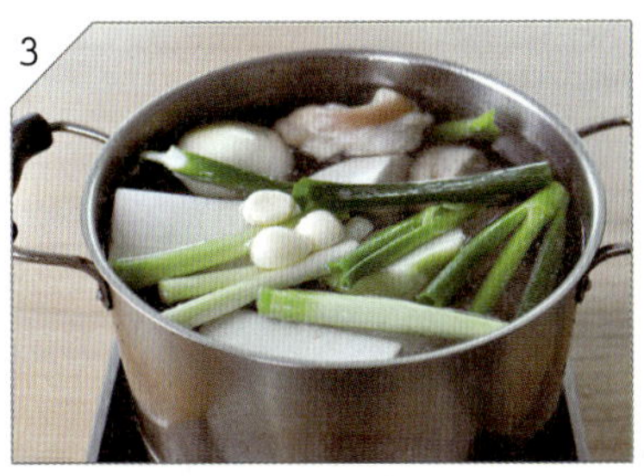

우족을 데쳐낸 물을 따라 버리고 우족의 5배 정도의 물을 붓고, 무, 양파, 대파, 통마늘, 소주를 넣고 센불에서 끓이다 끓으면 약불로 줄여 은근히 끓여요.

우족을 끓인 지 2시간 정도 되면 우족의 살이 익어 먹기 좋게 쫀득쫀득해져요. 이때 불을 끄고 우족과 무를 건져내요.

건져낸 우족과 무는 먹기 좋게 썰고 발라낸 우족뼈는 다시 국물에 넣어 약불에서 2~3시간 은근히 더 끓여요. 국물이 다 고아지면 발라낸 우족살과 무를 적당히 섞어 담아내요.

Cooking Tip

신선한 우족은 자른 면이 투명하고 선홍빛이 돌며, 물렁뼈가 잘 붙어 있는 것이랍니다.

삼계탕

무더위를 이기는 여름 보양식의 대명사인 삼계탕은 한겨울에도 한 그릇 먹고 나면 기운을 얻는 듯합니다. 연한 영계 한 마리에 인삼, 대추 등을 듬뿍 넣고 푹 고아낸 삼계탕은 어른, 아이 모두에게 약이 되는 음식이랍니다.

찹쌀은 깨끗이 씻어 1시간 정도 불리
고, 대추, 깐 밤, 인삼, 통마늘, 생강,
양파, 대파를 준비해요.

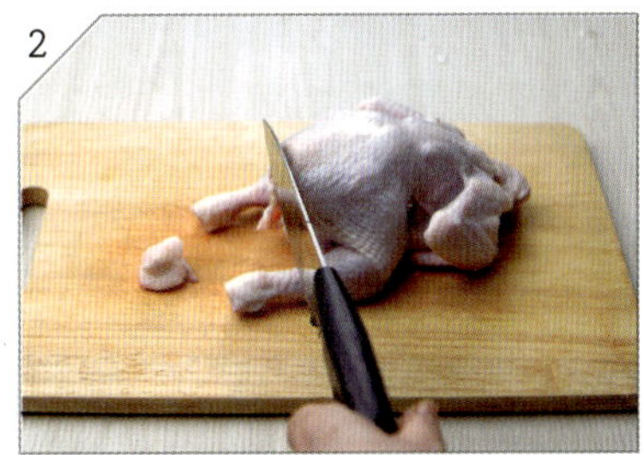

영계는 꽁지부분을 잘라내고 뱃속의
내장과 기름기를 제거하고 깨끗이 씻
어요.

- □ 영계 … 1마리(530g)
- □ 찹쌀 … 1/4컵
- □ 대추 … 5개
- □ 밤 … 3개
- □ 인삼 … 1뿌리
- □ 통마늘 … 5~6쪽
- □ 생강 … 1쪽
- □ 양파 … 1/4개
- □ 대파 … 1대
- □ 청주 … 1큰술
- □ 다진 파 … 약간
- □ 소금·후추 … 약간씩
- □ 물 … 5컵

영계 뱃속에 불린 찹쌀과 대추 2개, 통
마늘 3쪽을 꼼꼼히 채워 넣어요.

영계의 다리 안쪽에 칼집을 내어 다리
를 서로 엇갈리게 꼬아 칼집 낸 부위
에 고정시켜요.

두꺼운 냄비에 닭을 넣고 닭이 잠길
정도의 물을 붓고 인삼, 통마늘, 생강,
대추, 밤, 대파, 양파, 청주를 넣어 끓
여요. 끓으면 중불로 줄여 40분간 은
근히 고아 뽀얀 국물이 우러나도록 푹
끓여요.

닭이 푹 고아지면 양파, 마늘, 생강,
대파는 건져내고 국물 위에 뜬 기름기
는 살짝 걷어내요. 먹을 때 다진 파,
소금, 후추로 간해요.

Cooking Tip

영계 뱃속에 속재료를 채울 때 너무
꽉 채우면 찹쌀이 잘 익지 않아요.
닭의 크기에 따라 속재료의 양을 조
절해서 조금 여유 있게 채워요.

누룽지백숙

구수하게 눌은 누룽지를 듬뿍 넣어 끓인 누룽지백숙은 삼계탕이나 백숙보다 훨씬 구수하답니다. 몸에
좋은 재료를 더해 맛도 좋고 영양도 만점인 든든한 식사가 됩니다.

1

닭은 내장과 기름기를 제거해요.

2

인삼, 황기는 가볍게 헹구고, 대파는
흰 부분으로 씻어 준비하며 밤, 생강,
통마늘은 껍질을 벗겨 씻고, 대추도
준비해요.

Ready　3~4인분

□ 백숙용 닭 … 1마리(1kg)
□ 누룽지 … 400g
□ 다진 파 … 2큰술
□ 물 … 12컵
□ 소금 · 후추 … 약간씩
□ **닭 삶을 때**
　인삼 2뿌리, 황기 5뿌리, 대파
　흰대 3대, 밤 6개, 대추 5~7개,
　생강 1쪽, 통마늘 1줌

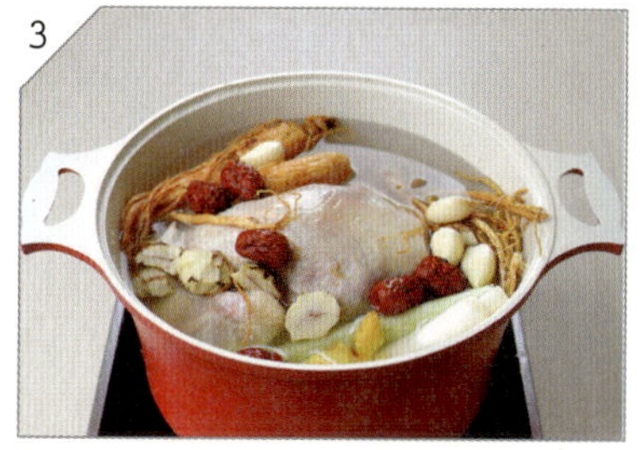

3

큰 냄비에 물 12컵을 붓고 손질한 닭
과 2에서 준비한 재료를 넣고 끓여요.
끓으면 약불로 줄여 닭국물이 뽀얗게
우러나도록 40분간 푹 삶아요.

4

누룽지를 큼직하게 잘라요.

5

닭이 푹 익고 국물이 진하게 우러나면
황기, 대파, 생강을 건져내고 기름기
를 대충 거둬요.

6

끓는 국물에 누룽지를 넣어 누룽지가
부드러워지도록 한소끔 더 끓인 후 다
진 파를 넣고 소금, 후추로 간해요.

Cooking Tip

누룽지는 시판 누룽지나 집에서 만
든 누룽지 모두 좋아요. 찹쌀누룽지
가 더욱 쫀득쫀득한 식감이 있어요.

더덕구이

인삼의 사촌이라 불리는 더덕은 건강에도 좋고, 쌉싸름하고 쫄깃한 맛이 일품이라 손님 접대나 일품요
리로 적합하답니다. 인삼의 성분으로 많이 알려진 사포닌은 혈액순환과 정력 증강, 원기 회복의 효과가
있고 쌉싸름한 맛을 내요.

더덕은 흙을 털어낸 후 머리 부분을 잘라내고 껍질을 벗겨 소금물에 10분간 담가 쓴맛과 끈적거림을 제거해요.

더덕은 길이로 편썰어 방망이로 자근자근 두들겨 부드럽게 만들어요.

분량의 유장 재료를 섞어 더덕에 가볍게 펴 발라요.

팬에 식용유를 두르고 유장을 바른 더덕을 앞뒤로 살짝 구워요.

살짝 구운 더덕에 분량의 양념장 재료를 섞어 앞뒤로 바르면서 중불에서 타지 않게 구워요. 더덕구이에 다진 파를 얹어내요.

Ready

- □ 더덕 … 200g
- □ 다진 파 … 1큰술
- □ 식용유 … 약간
- □ 유장
  참기름 1큰술, 간장 1/2큰술
- □ 양념장
  고추장 2큰술, 설탕 1큰술, 다진 마늘 1큰술, 참기름 1큰술, 간장 1큰술, 통깨 1큰술

Cooking Tip

좋은 더덕은 골이 깊고 곧게 자라며 굵기가 굵어요. 속이 흰색일수록 맛과 효능이 뛰어나다고 해요.

두릅무쌈말이

손꼽히는 봄나물 중 하나인 두릅으로 두
릅무쌈말이를 했더니 새콤달콤, 알록달
록한 일품요리가 되었어요. 나른하고 집
중력이 떨어지는 봄철에 특히 사랑받는
메뉴랍니다.

Ready

- □ 두릅 … 15뿌리
- □ 빨강·노랑 파프리카 … 1/2개씩
- □ 오징어 몸통 … 1마리
- □ 무쌈(시판용) … 15장
- □ 소금 … 약간
- □ 초고추장
  고추장 5큰술, 연겨자 1작은술,
  연와사비(고추냉이) 1/2작은술,
  식초 2큰술, 레몬즙 2큰술, 사과
  즙 3큰술, 설탕 1큰술, 물엿 1큰
  술, 생강가루 약간

1 두릅은 밑동을 잘라내고 가볍게 헹
궈 끓는 물에 소금을 조금 넣고 파
르스름하게 살짝 데쳐 찬물에 헹궈
물기를 빼요.

2 오징어는 껍질을 제거하고 몸통에
사선으로 칼집을 내어 끓는 물에 살
짝 데쳐요.

3 데친 두릅, 데친 오징어, 얇게 썬 절
임 무쌈을 준비하고, 빨강·노랑 파
프리카는 채썰어요.

4 절임 무쌈 위에 두릅, 파프리카, 오
징어를 가지런히 얹어 꼼꼼하게 돌
돌 말아요. 분량의 초고추장 재료를
섞어 곁들여내요.

장어구이

장어는 불포화 지방산이 풍부하고, 양질의 단백질과 비타민 등 영양의 보고랍니다. 피로한 남편과 연로한 부모님을 위해 싱싱한 장어를 사다가 구우니 벌써 힘이 불끈 솟는 듯하다네요.

1 장어는 머리와 가운데 굵은 뼈를 제거하고 흐르는 물에 살짝 헹궈 키친타월로 물기를 제거하고 청주를 뿌려 15분간 재워요.

2 냄비에 분량의 장어구이소스 재료를 넣고 끓이다 끓으면 약불로 줄여 20분간 걸쭉하게 조려요.

3 팬에 식용유를 살짝 두르고 장어를 앞뒤로 뒤집어가며 초벌구이를 해요.

4 초벌구이한 장어에 장어구이소스를 덧발라가며 구워요. 먹기 좋게 잘라 생강채, 깻잎채, 대파채를 함께 곁들여요.

Ready 2인분

- □ 장어 … 2마리(1kg)
- □ 청주 … 2큰술
- □ 생강 … 1쪽
- □ 대파 흰대 … 1/2대
- □ 깻잎 … 5장
- □ 식용유 … 약간
- □ **장어구이소스**
  간장 1/3컵, 청주 1/3컵, 물(또는 장어육수) 2/3컵, 고추장 1.5큰술, 물엿 2큰술, 설탕 2큰술, 다진 마늘 1큰술, 생강즙 1/2큰술, 후추 약간

Cooking Tip

장어를 오븐에서 구울 때는 200도로 예열한 오븐에서 15분간 초벌구이하고, 소스를 발라가며 10분간 더 구워요.

전복치즈구이

'바다의 웅담'이라 불리는 전복은 단백질과 무기질이 풍부하고 지방이 적어 소화에도 좋아요. 고소한 치즈를 뿌려 오븐에 구운 고급스러운 전복구이는 손님상은 물론 술안주로도 그만이에요.

전복은 숟가락으로 껍데기와 몸통을
분리하고 내장을 떼어내고 깨끗이
헹궈요. 떼어낸 껍데기도 깨끗이 헹
궈요.

손질한 전복은 먹기 좋게 채썰어서 분
량의 밑간 재료로 밑간해요.

달군 팬에 버터를 녹여, 잘게 썬 양파
를 넣고 살짝 볶다가 밑간한 전복을
넣고 가볍게 볶아요.

잘게 썬 피망, 파프리카를 넣고 볶다
가 소금, 후추로 간해요.

전복 껍데기에 볶은 전복과 채소를 담
고 모차렐라치즈를 소복하게 얹어 190
도로 예열한 오븐에서 15분간 노릇노
릇하게 구워요.

낙지해물찜

스트레스를 확 날려주는 매콤한 맛이 생각날 때면 낙지가 떠올라요. 낙지는 힘을 북돋는 스테미너 식품
으로 쫄깃한 식감과 매운 양념이 조화를 이루면 중독성 강한 맛으로 변신한답니다.

낙지는 밀가루와 굵은소금으로 바락바락 문질러 찬물에 여러 번 씻어 먹기 좋게 토막 내요.

분량의 양념장 재료를 섞어 낙지를 버무려 2시간 이상 숙성시켜요.

왕새우, 미더덕은 옅은 소금물에 깨끗이 헹구고, 콩나물은 끓는 물에 살짝 데쳐 찬물에 헹궈요. 양파는 채썰고, 대파, 청양고추, 홍고추는 어슷썰며, 미나리는 5cm 길이로 썰어요.

달군 팬에 식용유를 두르고 양파, 다진 마늘을 볶다가 양념해둔 낙지와 왕새우, 미더덕을 넣고 볶아요.

데친 콩나물, 대파, 청양고추, 홍고추를 넣고 볶다가 콩나물 데친 물을 붓고 끓여요.

국물이 끓으면 녹말물을 넣어 걸쭉하게 만들고 통깨, 참기름, 후추를 넣어요.

Ready　3~4인분

- □ 낙지 … 3마리(750g)
- □ 왕새우 … 5마리
- □ 미더덕 … 10개
- □ 콩나물 … 2줌
- □ 양파 … 1/2개
- □ 대파 … 1/2대
- □ 청양고추 … 2개
- □ 홍고추 … 1개
- □ 미나리 … 1줌
- □ 콩나물 데친 물 … 1컵
- □ 다진 마늘 … 1큰술
- □ 통깨 … 2큰술
- □ 참기름 … 1큰술
- □ 후추 · 소금 … 약간씩
- □ 식용유 … 약간

□ **양념장**
고추장 4큰술, 고춧가루 1큰술, 간장 2큰술, 맛술 2큰술, 다진 마늘 1큰술, 다진 생강 1/2작은술, 물엿 2큰술, 설탕 1큰술, 후추 약간

□ **녹말물**
녹말가루 2큰술, 물 4큰술

□ **낙지 손질**
밀가루 2큰술, 굵은소금 1큰술

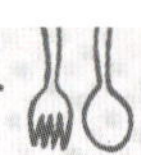

오향장육

다섯 가지 향신채로 조려 만든 오향장육은 돼지고기의 잡내, 비린내가 전혀 나지 않으며, 식욕을 돋우고,
혈액순환과 소화력을 증진시키는 음식입니다. 집에서도 몇 가지 향신채를 이용해 간단하게 만들어 즐겨
보세요.

1

돼지고기는 살코기로 준비해서 무명
실로 살을 단단하게 묶어요.

2

큰 냄비에 고기가 잠길 만큼의 물을
붓고 끓으면 돼지고기를 넣어 10분간
삶아요.

3

돼지고기는 건져내고 분량의 고을
때 재료를 넣고 끓여요. 국물이 끓으
면 돼지고기를 넣고 약불로 줄여 50
분간 푹 삶아요. 국물을 끼얹어가며
조려요.

4

고기에 색이 반들반들 입혀지면 꺼내
어 한김 식혀 먹기 좋게 얇게 썰어요.

5

3의 장육국물과 식초, 설탕, 다진 마
늘, 참기름을 섞어 장육소스를 만들
어요.

6

어슷썬 오이를 바닥에 깔고 장육을 얹
은 후 대파채를 올리고 장육소스를 끼
얹어내요.

Ready `3~4인분`

☐ 돼지고기(앞다릿살) … 1kg
☐ 오이 … 1개
☐ 대파 흰대 … 1대

☐ 고을 때
간장 2/3컵, 설탕 2큰술, 대파
흰대 2대, 생강 1쪽, 팔각 5개,
계피 2개(5cm), 월계수잎 5장,
통후추 1큰술, 물 6컵

☐ 장육소스
장육국물 1/2컵, 식초 2큰술, 설
탕 1큰술, 다진 마늘 2큰술, 참기
름 1작은술

팔각은 상록수의 열매로, 열매를 말
려 분말 형태로 만들어 향신료로 이
용해요. 중국요리에 많이 쓰이는 향
신료예요.

전가복

전복과 오징어, 해삼 등 해산물과 채소가 어우러진 전가복은 보양식으로 손꼽혀요. 가정의 행복을 추구
한다는 뜻을 지닌 전가복으로 온 가족이 함께 건강하고 행복해지세요.

1

전복은 숟가락을 이용해서 몸통을 떼어내고 내장과 몸통 끝에 붙은 뾰족한 뼈를 제거해요.

2

전복 몸통은 가로세로로 칼집 내고, 오징어도 몸통에 칼집을 내며, 해삼은 먹기 좋게 썰고, 새우살도 준비해요.

□ 전복 … 3개
□ 오징어 몸통 … 1마리
□ 해삼 … 2개
□ 새우살 … 1줌
□ 새송이버섯 … 1개
□ 죽순 … 2쪽
□ 통마늘 … 4쪽
□ 대파 … 1대
□ 청경채 … 2포기
□ 식용유 … 약간

□ **양념**
　간장 1큰술, 굴소스 1큰술, 청주 1큰술, 설탕 1큰술, 참기름 1/2큰술, 후추 약간, 다시마물 1/2컵

□ **녹말물**
　녹말가루 2큰술, 물 2큰술

3

새송이버섯, 죽순, 통마늘은 편으로 납작하게 썰고, 대파는 곱게 채썰며, 청경채는 잎을 가닥가닥 떼어요.

4

달군 팬에 식용유를 두르고 마늘을 볶다가 대파를 넣고 볶아 향을 내요.

5

전복, 오징어, 해삼, 새우살, 새송이버섯, 죽순을 넣고 볶다가 분량의 **양념** 재료를 섞어 붓고 끓여요.

6

국물이 끓으면 **녹말물**을 부어 걸쭉하게 만들고 청경채를 넣어 섞어요.

과일물김치

좋아하는 과일로 김치를 담가보세요. 새콤달콤한 과일이 우러난 물김치는 맨입으로 떠 먹어도 좋을 만큼 향긋하고 맛이 좋아요. 아이들이 잘 먹고, 입맛이 없을 때도 강력히 추천하는 별미김치랍니다.

Ready

- □ 사과 … 1개
- □ 배 … 1/2개
- □ 키위 … 2개
- □ 오이 … 1/2개
- □ 미니 파프리카 … 4개
- □ 쪽파 … 5대
- □ 김칫국물 우릴 때
  배 1/4개, 양파 1/2개, 통마늘 5쪽, 생강 1쪽, 물 1컵

- □ 김칫국물 양념
  물 6컵, 설탕 1큰술, 매실청 1큰술, 식초 5큰술, 소금 4큰술
- □ 찹쌀풀
  찹쌀가루 2큰술, 물 1컵

과일물김치는 실온에 반나절에서 하루 정도 숙성시킨 뒤 냉장 보관해서 차게 먹어요. 오래 보관하면 과일이 무르고 과일 향이 빠져 식감이 떨어지니 조금씩 자주 담가 먹어요.

1. 사과와 배는 나박썰어서 모양틀로 찍고, 키위, 오이는 둥글게 썰며, 미니 파프리카는 씨를 빼고 송송 썰어요. 쪽파는 3cm 길이로 썰어요.

2. 분량의 김칫국물 우릴 때 재료를 믹서기에 넣고 곱게 갈아요.

3. 냄비에 분량의 찹쌀풀 재료를 넣고 팔팔 끓을 때까지 저어가며 찹쌀풀을 만들어 식혀요.

4. 물 6컵에 찹쌀풀과 2의 갈아둔 재료를 체에 밭쳐 풀어 넣고 분량의 김칫국물 양념 재료를 넣어 간 맞춰 김칫국물을 만들어요.

5. 밀폐용기에 사과, 배, 키위, 오이, 미니 파프리카, 쪽파를 넣고 김칫국물을 부어요.

석류물김치

여성의 과일이라 불리는 석류를 듬뿍 넣어 별미 물김치를 담갔어요. 톡톡 터지면서 씹
히는 새콤달콤한 석류의 맛이 더해진 물김치는 마치 과일화채처럼 상큼하답니다.

Ready

- □ 석류 … 2/3개
- □ 배추속대 … 10장
- □ 무 … 1/4개(150g)
- □ 배 … 1/4개
- □ 쪽파 … 10대
- □ 통마늘 … 5쪽
- □ 생강 … 1/2쪽
- □ 물 … 10컵

□ **양념**
고춧가루 2큰술, 소금 2큰술, 매실청 1큰술, 설탕 1큰술

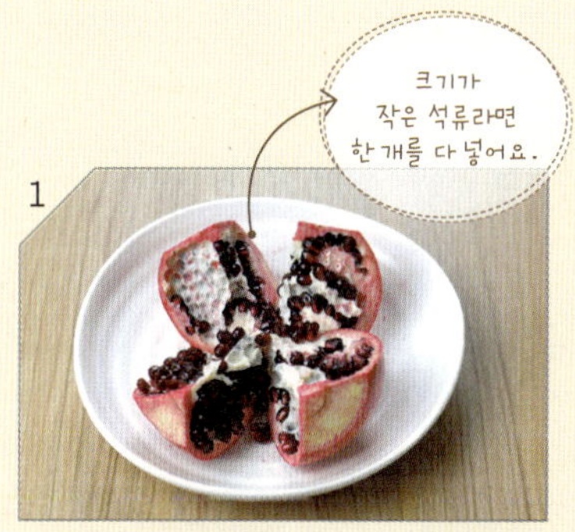

1 석류는 윗면에 열십자로 칼집을 내어 쪼개 2/3만 사용해요.

2 석류는 손으로 낱알을 일일이 떼어요. 비교적 알맹이들이 잘 떨어진답니다.

3 배추는 사방 3cm 크기로 나박썰고, 무와 배도 같은 크기로 썰며, 쪽파는 깨끗이 다듬어 3cm 길이로 썰어요.

4 고춧가루를 면보에 싸서 찬물에 넣고 살살 흔들어 풀고, 여기에 소금과 설탕을 넣어 짭조름하게 간 맞춰 김칫국물을 만들어요.

5 밀폐용기에 배추, 무, 배, 쪽파와 마늘, 생강을 담은 면주머니를 넣고 석류 알맹이들을 모두 넣어 고루 섞고 김칫국물을 부어요.

6 매실청을 넣어 감칠맛을 더하고 모자란 간은 소금으로 맞춰요. 실온에 1~2일 정도 두었다가 냉장 보관해요.

한입 오이소박이

풋풋한 내음과 함께 아삭하게 씹히는 오이소박이는 밥상 위의 인기 반찬이죠. 손으로
일일이 찢어먹는 불편함 때문에 먹기 귀찮다는 남편을 위해 한입에 쏘옥 들어가는 한입
오이소박이를 만들었어요.

Ready

- 오이 … 6개
- 부추 … 1줌(120g)
- 당근 … 1/4개
- 대파 … 1/3대
- 굵은소금 … 3큰술
- 물 … 1/2컵
- **절임물**
  소금 3큰술, 물 4컵

- **양념**
  고춧가루 5큰술, 까나리액젓 4큰술, 새우젓 2큰술, 다진 마늘 2큰술, 다진 생강 1작은술, 매실청 2큰술, 설탕 1/2큰술, 찹쌀풀 3큰술(찹쌀가루 1큰술, 물 2/3컵), 소금 약간

Cooking Tip

완성된 오이소박이는 실온에 반나절에서 하루 정도 두었다가 냉장 보관해요. 오이소박이는 일반 김치보다 조금 덜 익혀 먹는 것이 맛이 더 좋아요.

1

오이는 굵은소금으로 문질러 씻어 2.5cm 길이로 썰어 한쪽 면에 열십자로 칼집을 내요.

2

절임물을 끓여 뜨거울 때 오이에 붓고 1시간 정도 절여요.

3

부추, 당근, 대파는 같은 크기로 잘게 다져요.

4

다진 부추, 당근, 파, 분량의 양념 재료를 버무려 오이소를 만들어요.

5

절인 오이는 찬물에 헹궈 물기를 충분히 뺀 후 칼집을 낸 부분에 양념을 꼼꼼히 채워요.

6

밀폐용기에 오이소박이를 가지런히 담고 남은 양념에 물을 섞어 부어요.

풋고추김치

풋풋한 향과 아삭아삭 매콤한 맛으로 사랑받는 풋고추로 김치를 담그니 입안이 정화되는 듯 개운하네요. 고기를 먹을 때 함께 먹으면 느끼함도 덜어준답니다. 맨입에도 자꾸 먹게 되는 입맛 돋우는 김치예요.

Ready

- ☐ 풋고추(또는 오이고추) … 15개
- ☐ 무 … 1/4개(200g)
- ☐ 양파 … 1/2개
- ☐ 쪽파 … 8대
- ☐ **절임물**
  소금 3큰술, 물 3컵

- ☐ **양념**
  고춧가루 3큰술, 새우젓 2큰술, 설탕 1큰술, 매실청 2큰술, 다진 마늘 1큰술, 소금 1/2큰술
- ☐ **김칫국물**
  다시마물 1컵, 고춧가루 1큰술, 매실청 1큰술, 굵은소금 1/2큰술

풋고추김치는 조금 덜 익은 상태가 식감이 좋아요. 담근 직후에 바로 먹어도 좋아요.

1

곱게 뻗은 풋고추나 오이고추를 준비해서 꼭지를 살짝 자르고 양쪽 끝에 1cm가량을 남기고 가운데 칼집을 내 씨를 털어내요.

2

절임물을 만들어서 풋고추에 붓고 30분간 절여요.

3

무, 양파는 2cm 길이로 채썰고, 쪽파도 길이에 맞춰 썰어서 분량의 **양념** 재료로 버무려 30분간 절여 소를 만들어요.

4

풋고추에 3의 소를 꼼꼼히 채워 넣어요.

5

밀폐용기에 풋고추김치를 담고 분량의 **김칫국물** 재료를 섞어 부어요. 실온에 반나절 정도 둔 후 냉장 보관해서 먹어요.

백김치

희고 깨끗하게 담근 백김치는 잘 익혀 차게 두었다 먹으면 짜릿하고 시원한 국물이 목
넘김은 물론 기분까지 개운하게 해요. 어르신은 물론 매운 김치를 싫어하는 어린아이들
도 모두 좋아하는 별미김치랍니다.

Ready

- □ 배추 … 1포기(1.5kg)
- □ 무 … 1/4개
- □ 배 … 1/2개
- □ 쪽파 … 6대
- □ 미나리 … 10대
- □ 통마늘 … 6쪽
- □ 생강 … 1쪽
- □ 실고추 … 1/2줌

- □ **배추 절일 때**
  절임물 (물 1.5ℓ, 굵은소금 1컵),
  굵은소금 1/2컵
- □ **양념**
  새우젓 2큰술, 설탕 1큰술, 매실
  청 2큰술, 소금 약간
- □ **김칫국물**
  굵은소금 1큰술, 매실청 1큰술,
  물 6컵

배추를 절일 때는 배추가 절임물에 푹 잠기도록
물이 담긴 양푼 등으로 눌러두고 절이는 도중에
배추의 위아래 위치를 바꿔줘요. 하절기엔 6시간,
동절기엔 8시간 이상 절여요.

1 배추는 겉잎을 떼어내고 4등분으로 쪼개 물 1.5ℓ에 굵은소금 1컵을 풀어 절임물을 만들어 배추에 고루 붓고 30분간 절인 후 소금 1/2컵을 포기 사이사이에 뿌려 6시간 정도 절여요.

2 무, 배, 통마늘, 생강은 곱게 채썰고, 쪽파, 미나리는 3cm 길이로 썰어요.

3 양푼에 2의 재료와 실고추를 넣고 분량의 **양념** 재료로 고루 버무려 소를 만들어요.

4 절인 배추는 흔들어 씻어서 뒤집어 물기를 빼요. 배춧잎 사이사이에 소를 조금씩 넣고 겉잎으로 잘 감싸요.

5 밀폐용기에 김치를 차곡차곡 담고 분량의 **김칫국물** 재료를 섞어 붓고 1~2일간 실온에서 익힌 후 냉장 보관해서 먹어요.

보쌈김치

개성지방의 향토음식인 보쌈김치는 낙지, 굴, 배, 밤, 대추 등 몸에 좋은 재료들이 함께
들어가서 영양이 우수하고 고급스러운 김치예요. 익히지 않고 바로 먹을 수 있고, 손님
상을 빛내주는 귀하고 화려한 음식이랍니다.

 Ready

- □ 배추 … 1/2포기
- □ 무 … 100g
- □ 낙지 … 1/2마리(중)
- □ 굴 … 100g
- □ 쪽파 … 2대
- □ 밤 … 4개
- □ 대추 … 2개
- □ 잣 … 1작은술
- □ 석이버섯 … 3장
- □ 배 … 1/4개

□ **배추 절일 때**
절임물(굵은소금 2/3컵, 물 1ℓ), 굵은소금 1/3컵

□ **무 절일 때**
굵은소금 2큰술

□ **다대기**
고춧가루 5큰술, 액젓 2큰술, 다진 마늘 1큰술, 다진 생강 1작은술, 설탕 1/2큰술, 소금 약간, 물 2큰술

□ **김칫국물**
다시마물 1.5컵, 고춧가루 1큰술, 새우젓 1큰술, 매실청 1큰술

1 배추 1/2포기는 반으로 갈라 굵은소금 2/3컵에 물 1ℓ를 섞어 절임물을 만들어 고루 붓고 30분간 절인 후 잎 사이사이에 소금 1/3컵을 뿌려 3시간 동안 절여서 흔들어 씻어요.

2 무는 나박썰어 굵은소금을 뿌려 30분간 절여 헹궈요.

3 절인 배추는 잎사귀 부분은 따로 잘라 두고, 줄기 부분만 잘게 썰어, 절인 무와 함께 분량의 **다대기** 재료로 고루 버무려요.

4 양념한 배추, 무에 3cm 길이로 썬 쪽파, 편으로 썬 밤, 채썬 대추, 채썬 석이버섯, 사방 3cm 크기로 나박썬 배, 먹기 좋게 썬 낙지, 잣, 굴을 넣어 가볍게 버무려요.

5 떼어낸 배추 잎사귀는 둥근 보시기에 돌려가며 빈틈없이 얹어요.

6 버무려둔 김치를 담고 배춧잎 가장자리는 긴 젓가락으로 돌돌 말아 보시기 가장자리에 끼우고, 분량의 **김칫국물** 재료를 섞어 부어요.

통양파장아찌

봄이 되면 작고 단단한 장아찌용 양파를 쉽게 구할 수 있어요. 큰 양파로 담근 장아찌보다 더욱 아삭한 식감이 나는 양파장아찌를 담글 수 있답니다. 짜지 않고 새콤달콤하게 맛을 내어 통째로 담근 통양파장아찌는 한 꺼풀씩 벗겨 먹는 재미가 있어요.

Ready

□ 양파 … 8개(중, 1500g)

□ **절임물**
간장 2컵, 물 3컵, 식초 1.5컵, 설탕 1컵, 매실청 1/2컵, 소금 2큰술

1

크기가 작고 단단한 장아찌용 양파를 준비해 껍질을 벗겨요.

2

양파는 한 겹씩 벗겨 먹기 좋게 절반으로 잘라요.

3

분량의 **절임물** 재료를 한소끔 끓여 절임물을 만들어요.

4

유리병이나 밀폐용기에 양파를 차곡차곡 담고 팔팔 끓인 절임물을 뜨거울 때 부어요.

곰취장아찌

쌉싸름하고 향긋한 곰취는 주로 쌈으로 많이 먹는데 장아찌를 담그면 그 맛이 일품이랍니다. 짜지 않고 새콤달콤하게 장아찌를 담가 밥반찬으로 올리면 누구나 환영하는 완소 반찬이 된답니다.

1. 곰취는 흐르는 물에 여러 번 씻어 물기를 뺀 후 뻣뻣한 줄기 끝 부분을 길이에 맞춰 잘라요.

Ready

- 곰취 … 500g
- 간장다림물
  간장 1.5컵, 멸치육수 1.5컵, 식초 1.5컵, 설탕 1컵, 매실청 1/2컵

곰취장아찌는 염도가 낮아 오래 두고 먹지 않도록 하고, 반드시 냉장 보관해야 변질되지 않아요.

2. 냄비에 분량의 간장다림물 재료를 넣고 끓여요. 팔팔 끓기 시작하면 거품이 나도록 2분 정도 더 끓여요.

3. 밀폐용기에 손질한 곰취를 차곡차곡 담고 간장다림물이 뜨거울 때 부어요.

4. 다림물이 식으면 곰취가 간장물에 잠기도록 접시 등으로 눌러주고 뚜껑을 덮어 3일간 실온에 두었다가 냉장 보관해서 먹어요.

매실장아찌

매년 6월이면 매실장아찌를 담는 것이 연중행사가 되었어요. 상큼한 매실로 장아찌를 담가두면 1년 내내 우러난 매실청은 훌륭한 건강 주스로 이용하고, 잘 절여진 매실장아찌는 입맛 나는 밥반찬으로 제격이랍니다.

Ready

- □ 매실 … 2kg
- □ 설탕 … 1.6kg

□ **무침**
매실장아찌 1.5컵, 고추장 1큰술, 고춧가루 2큰술, 다진 마늘 1큰술, 참기름 1큰술, 통깨 약간

매실장아찌는 담근 지 2주가 지나면 먹을 수 있고, 1개월이 지나면 냉장 보관해요. 실온에 너무 오래두면 무른답니다.

1
매실은 꼭지를 떼어내고 깨끗이 헹궈 물기를 완전히 말린 후 칼집을 서너 군데씩 내요.

2
칼집 낸 매실은 도마에 얹어 나무주걱 등으로 꾹 누르면 쪼개지면서 씨앗과 과육이 자연스레 분리돼요.

3
쪼갠 매실은 설탕을 뿌려가며 한 켜씩 재우고, 가장 위쪽에는 설탕을 도톰하게 얹어요. 뚜껑을 덮어 서늘하고 그늘진 곳에 1개월 정도 두세요.

4
숙성된 매실장아찌 건더기는 따로 건져두었다가 무쳐 먹어요.

5
건져둔 매실장아찌에 분량의 **무침** 재료를 모두 넣고 가볍게 무쳐요.

모둠장아찌

갖가지 제철 채소를 고루 넣고 담근 모둠장아찌는 만들기도 쉽고, 한번 만들어두면 며칠간 반찬 걱정을 덜 수 있답니다. 짜지 않고 새콤달콤해서 피클 같은 장아찌예요.

Ready

- 양파 … 3개(중)
- 자색양파 … 2개
- 백오이 … 2개
- 청양고추 … 10개
- 홍고추 … 6개
- 굵은소금 … 약간

- **절임장**
  간장 3컵, 물 3컵, 식초 1.5컵, 설탕 1.5컵

절임장은 뜨거울 때 부어야 아삭한 식감을 살릴 수 있어요. 뜨거운 간장국물로 인해 채소가 익지 않을까 염려하지 마세요. 채소의 온도 때문에 절대 익지 않아요.

양파, 자색양파, 청양고추, 홍고추는 깨끗이 씻어 물기를 빼고, 오이는 굵은소금으로 껍질을 살살 문질러 씻어 물기를 빼요.

양파, 자색양파는 큼직하게 썰고, 오이는 동글동글 도톰하게 썰며, 청양고추, 홍고추는 1cm 크기로 도톰하게 썰어요.

썰어 놓은 재료를 내열 유리병에 담아요.

냄비에 분량의 **절임장** 재료를 넣고 중불에서 한소끔만 끓여요.

끓인 절임장은 한김만 식혀 뜨거울 때 3의 유리병에 부어요. 재료가 국물에 모두 잠길 정도로 붓고 완전히 식힌 후 뚜껑을 덮고 실온에 1~2일간 두었다가 냉장 보관해 바로 먹을 수 있어요.

PART 05

출출한 오후를 위한

간식&디저트

고**구**마크로켓

크로켓은 속 재료에 따라 다양하게 맛을 낼 수 있어 좋아요. 양파, 당근, 피망, 버섯 등 평소 아이들이 잘
안 먹는 채소를 잘게 다져 넣고 만들어보세요. 먹지 않던 채소를 감쪽같이 챙겨 먹일 수 있는 별미 간식
이 된답니다.

고구마는 전자레인지에서 15분간 찌 거나 찜통에 쪄서 뜨거울 때 잘게 으 깨요.

양파, 당근, 피망, 햄은 잘게 다져요.

□ 고구마 … 3개(중)
□ 양파 … 1/3개
□ 당근 … 1/2개
□ 피망 … 1/2개
□ 햄 … 100g
□ 올리고당 … 2큰술
□ 소금 … 1/2큰술
□ 후추 … 약간
□ 튀김기름 … 적당량
□ 식용유 … 약간

□ **튀김옷**
밀가루 1/2컵, 달걀 2개, 빵가루 1컵

팬에 식용유를 두르고 다진 양파, 당 근, 피망, 햄을 넣고 살짝 볶아요.

볼에 으깬 고구마와 볶은 채소를 넣고 올리고당, 소금, 후추로 간을 맞추어 고루 버무려요.

버무린 반죽은 한입 크기로 동글동글 뭉쳐 밀가루를 가볍게 묻혀 푼 달걀, 빵가루 순서로 튀김옷을 입혀요.

달군 튀김기름에 크로켓을 넣어 노릇 노릇하게 튀겨요.

고구마단호박맛탕

옛날 추억을 떠올리며 먹는 고구마맛탕에 단호박을 더해 달콤한 맛탕을 만들어보세요. 맛도 좋고 건강
에도 좋은 간식으로 어른, 아이 모두 좋아한답니다.

1 고구마, 단호박은 먹기 좋은 크기로 썰고, 호두는 곱게 다져요.

2 고구마와 단호박에 녹말가루를 고루 묻혀요.

□ 고구마 … 2개(중)
□ 단호박 … 1/4개
□ 다진 호두 … 2큰술
□ 녹말가루 … 2큰술
□ 튀김기름 … 적당량

□ **시럽**
　황설탕 1/2컵, 물 1/2컵, 꿀 2큰술, 소금 약간

3 달군 튀김기름에 녹말가루를 입힌 고구마와 단호박을 넣고 노릇노릇하게 튀겨 키친타월에 얹어 기름기를 빼요.

4 황설탕과 물을 중불에서 천천히 끓여요. 살짝 졸아들 때까지 젓지 말고 끓이다가 시럽이 갈색이 되면 꿀과 소금을 넣고 섞어요.

5 갈색이 된 시럽에 고구마와 단호박을 넣고 버무리다가 다진 호두를 섞어요.

옥수수빠스

중화요리를 먹을 때 후식으로 자주 등장하는 빠스는 중국식 맛탕을 말합니다. 주로 옥수수로 만드는데
달콤한 물엿과 고소한 옥수수, 그리고 튀김의 맛이 어우러진 달콤한 디저트랍니다.

통조림 옥수수는 체에 밭쳐 물기를 살짝 빼요. 물기가 약간 남아야 반죽할 때 좋아요.

볼에 옥수수, 밀가루, 녹말가루, 검은깨를 넣고 섞어요.

□ 통조림 옥수수 … 1캔(310g)
□ 밀가루 … 4큰술
□ 녹말가루 … 4큰술
□ 검은깨 … 2큰술
□ 튀김기름 … 적당량
□ 설탕시럽
　설탕 2큰술, 물엿 2큰술, 올리브유 1큰술

달군 튀김기름에 옥수수 반죽을 한 숟가락씩 떠 넣어 바삭바삭하게 튀겨 키친타월에 얹어 기름기를 빼요.

팬에 분량의 설탕시럽 재료를 넣고 젓지 말고 끓여요.

설탕시럽이 바글바글 끓어오르면 불을 끄고 튀긴 옥수수를 넣고 재빨리 버무려요.

비빔만두

만두에 양배추, 오이, 당근 등 채소를 채 썰어 듬뿍 넣고 초고추장을 버무려 먹는 비빔만두는 느끼하지 않고 새콤달콤해 만두의 또 다른 맛을 볼 수 있는 별미 만두요리랍니다.

Ready

- □ 냉동 만두 … 10개
- □ 채썬 양배추 … 1줌
- □ 깻잎 … 10장
- □ 당근 … 1/4개
- □ 오이 … 1/2개
- □ 채썬 적채 … 1줌
- □ 식용유 … 적당량
- □ **비빔장**
  고추장 3큰술, 고춧가루 2큰술, 설탕 2큰술, 물엿 2큰술, 식초 3큰술, 사이다 3큰술, 다진 마늘 1큰술, 참기름 1큰술, 통깨 1큰술

1

식용유를 넉넉히 두르고 달군 팬에 냉동 만두를 가지런히 올려 약불에서 앞뒤로 노릇노릇하게 구워 한김 식혀요.

2

양배추, 깻잎, 당근, 오이, 적채는 곱게 채썰어요.

3

분량의 **비빔장** 재료를 섞어요.

4

넓은 접시에 채썬 채소를 가지런히 올리고 바삭하게 구운 만두를 얹어요. 비빔장을 고루 끼얹어내요.

치킨너겟

패스트푸드점에서 사 먹던 치킨너겟을 집에서 만들어보세요. 양파를 듬뿍 다져 넣고 깨끗한 기름으로 튀기니 고소하고 감칠맛 나는 담백한 홈메이드 치킨너겟이 되었어요. 하나, 둘 집어 먹다 보니 어느새 한 접시 뚝딱이네요.

1 닭가슴살은 곱게 다져요.

2 볼에 다진 닭가슴살과 분량의 반죽 재료를 넣고 섞어 여러 번 치대요.

3 끈기가 생기도록 치댄 반죽은 밀가루를 뿌린 도마 위에 얹어 모양틀로 찍어요.

4 170도의 튀김기름에 모양낸 반죽을 넣어 노릇노릇하게 튀겨요. 입맛에 따라 케첩, 허니머스터드소스를 뿌려요.

Ready

- 닭가슴살 ··· 200g
- 밀가루 ··· 약간
- 허니머스터드소스 ··· 약간
- 케첩 ··· 약간
- **반죽**
  양파 1개, 다진 마늘 1큰술, 맛술 2큰술, 카레가루 1큰술, 빵가루 2큰술, 밀가루 2큰술, 소금 약간, 후추 약간

치킨볼강정

고단백, 저지방 닭가슴살은 다이어트 먹거리로 많은 사랑을 받고 있지만 퍽퍽한 맛 때문에 꺼려지기도 해요. 닭가슴살로 만든 새콤달콤한 치킨볼강정은 입맛 돋우는 별미 간식이 된답니다.

닭가슴살은 우유에 30분 이상 담가 닭고기의 비린내를 잡아주고, 부드럽게 만들어요.

닭가슴살을 우유에서 건져내어 칼로 곱게 다져요.

Ready

- □ 닭가슴살 … 2개(600g)
- □ 양파 … 1/4개
- □ 당근 … 1/4개
- □ 완두콩 … 3큰술
- □ 우유 … 1컵
- □ 튀김기름 … 적당량
- □ **양념**
  녹말가루 2큰술, 다진 마늘 1/2큰술, 생강가루 1/2작은술, 소금 1작은술, 후추 약간
- □ **강정소스**
  고추장 1큰술, 케첩 3큰술, 간장 1큰술, 설탕 2큰술, 물 1/2컵, 물엿 2큰술, 참기름 1큰술, 통깨 2큰술

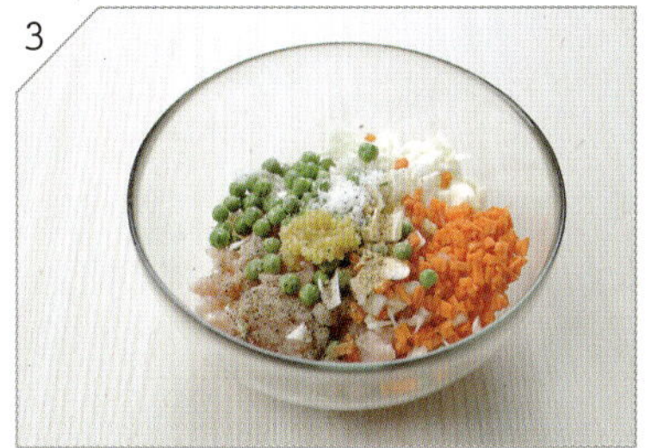

볼에 다진 닭가슴살, 양파, 당근, 완두콩, 분량의 양념 재료를 넣고 버무려요.

치댄 반죽은 한입 크기로 동글동글하게 빚어요.

170도의 튀김기름에 빚은 반죽을 넣고 노릇노릇하게 튀겨 키친타월에 얹어 기름기를 빼요.

팬에 분량의 강정소스 재료를 넣고 끓이다가 바글바글 끓으면 튀긴 치킨볼을 넣고 재빨리 뒤섞어요.

치킨떡볶이

출출하지 않아도 불현듯 생각나는 국가대표급 간식, 떡볶이와 치킨을 동시에 먹을 수 있는 메뉴랍니다.
매운 떡볶이와 고소한 치킨의 맛이 잘 어우러져 환상의 조화를 이룬답니다.

1

닭가슴살은 떡볶이 크기로 가늘고 길게 썰어 맛술, 허브소금을 솔솔 뿌려 밑간해요.

2

밑간한 닭가슴살에 튀김가루를 묻힌 후 분량의 재료로 튀김반죽을 만들어 반죽옷을 입혀요.

3

튀김기름에 열이 오르면 반죽옷을 입힌 닭가슴살을 넣어 노릇노릇하게 튀겨요.

4

팬에 멸치육수를 붓고 팔팔 끓이다가, 떡볶이 떡을 넣고 분량의 양념장 재료를 넣어 끓여요.

5

국물이 끓으면 채썬 양파, 어슷썬 당근, 브로콜리를 넣고 끓이다가 중불로 줄여 잠시 끓인 후 치킨을 얹어내요.

Ready

치킨
- [ ] 닭가슴살 ⋯ 2쪽(250g)
- [ ] 튀김가루 ⋯ 약간
- [ ] 튀김기름 ⋯ 적당량
- [ ] 닭 밑간
  맛술 2큰술, 허브소금 약간
- [ ] 튀김반죽
  튀김가루 2/3컵, 얼음물 1/3컵

떡볶이
- [ ] 떡볶이 떡 ⋯ 200g
- [ ] 양파 ⋯ 1/4개
- [ ] 당근 ⋯ 1/3개
- [ ] 브로콜리 ⋯ 1줌
- [ ] 멸치육수 ⋯ 2컵
- [ ] 양념장
  고추장 4큰술, 고춧가루 2큰술, 설탕 2큰술, 물엿 2큰술, 매실청 2큰술, 간장 2큰술, 다진 마늘 1큰술

견과모듬강정

이것저것 고소한 견과류를 섞어 넣고 모둠강정을 만들었어요. 가족들, 이웃들과 나눠 먹는 정성 담긴 먹거리로 시판 고급 강정 못지않게 만들어 예쁘게 포장해서 어르신들께도 갖다 드려야겠어요.

땅콩, 호두는 껍질을 벗겨 잘게 다지고, 슬라이스 아몬드, 호박씨, 해바라기씨를 준비해요.

기름을 두르지 않은 달군 팬에 견과류를 넣고 가볍게 볶아 수분기를 제거해 고소하게 만들어요.

팬에 분량의 시럽 재료를 넣고 중불에서 젓지 말고 보글보글 끓여요.

끓는 시럽에 견과류를 모두 넣고 재빨리 가볍게 버무린 후 불을 꺼요.

사각접시나 유리용기 등에 참기름을 펴 바르고, 만든 강정을 꼭꼭 눌러 담고 윗부분은 편편하게 정리해서 한김 식혀 먹기 좋게 잘라요.

견과찰떡

미국에서 거주하는 우리 교포들이 떡이 너무 그리워 간단한 재료로 손쉽게 만들어 먹었다는 LA찰떡(견과찰떡).
집에서도 찹쌀가루와 견과류를 이용해서 떡찜기 없이 훌륭한 찰떡을 만들 수 있답니다.

검은콩은 찬물에 한나절 정도 불려 설탕과 물을 붓고 국물이 졸아들 때까지 약불에서 천천히 조려 콩배기를 만들어요.

찹쌀가루, 설탕, 소금을 고루 섞어 따뜻한 물을 조금씩 부어가며 한 덩어리가 되도록 치대어 반죽해요.

충분히 치댄 반죽은 잘 익을 수 있도록 밤톨 크기 정도로 대충 둥글게 뭉쳐요.

끓는 물에 떼어낸 반죽을 넣고 떠오르면 젓가락으로 찔러 보아 반죽이 묻어 나오지 않으면 체로 건져요.

깊은 볼이나 절구에 익힌 반죽을 넣고 방망이로 찧어요. 방망이에 떡이 달라붙지 않도록 찬물을 묻혀가며 치대요.

한 덩어리로 뭉쳐진 반죽에 콩배기, 건포도, 대추, 해바라기씨를 넣어 찬물을 묻혀가며 고루 섞어 밀폐용기에 담고 비닐랩을 씌워 2~3시간 굳혀서 먹기 좋게 썰어요.

오색경단

한입에 쏙 들어오는 동글동글한 오색 경단은 골라 먹는 재미가 있어요. 갖가지 고물로 맛을 낸 경단을 집에서도 손쉽게 만들어 즐겨보세요. 디저트나 티 타임에도 어울리는 맛도 좋고 귀여운 떡이랍니다.

Ready

- ☐ 찹쌀가루 … 3컵
- ☐ 끓는 물 … 1/2컵
- ☐ 팥앙금 … 1/4컵
- ☐ 고물
  참깨 1/3컵, 흑임자 1/3컵, 카스텔라 1/4개, 대추 4개, 계피가루 4큰술

1
찹쌀가루에 끓는 물을 부어가며 부드러워지게 치대어 익반죽해요.

2
반죽을 한입 크기로 떼어 편편하게 빚은 후 팥앙금을 구슬만큼 떼어 넣고 동그랗게 빚어요.

3
끓는 물에 빚어놓은 경단을 넣고 떠오를 때까지 끓여요. 떠오르면 잠시 뜸을 들이다가 체로 건져 재빨리 찬물에 헹궈 물기를 빼요.

4
카스텔라는 강판에 긁어 가루를 내요. 참깨, 흑임자, 계피가루를 준비하고, 대추는 씨를 빼고 얇게 채썰어요. 각각의 고물에 경단을 굴려 꼼꼼하게 옷을 입혀요.

감자팬케이크

밀가루 대신 감자로 만든 팬케이크로 독일에서 즐겨 먹는 대중적인 부침 요리랍니다. 치즈의 고소함이 더해져 나도 모르게 폭풍 흡입을 하게 되는 마법 같은 메뉴예요.

1

감자, 양파는 가늘게 채썰어요.

2

소금을 약간 푼 물에 채썬 감자를 10분 정도 담가 전분기를 뺀 후 손으로 살짝 눌러 물기를 짜요.

 **Ready** `2~3인분`

- ☐ 감자 ⋯ 2개(중)
- ☐ 양파 ⋯ 1/2개(중)
- ☐ 달걀 ⋯ 1개
- ☐ 피자치즈 ⋯ 1/2컵
- ☐ 부침가루 ⋯ 5큰술
- ☐ 소금(또는 허브소금) ⋯ 2/3큰술
- ☐ 버터 ⋯ 1.5큰술
- ☐ 파슬리가루 · 후추 · 소금 ⋯ 약간씩
- ☐ 식용유 ⋯ 약간

3

감자채에 양파채, 부침가루, 달걀, 소금을 넣어 버무리고, 피자치즈를 넣어 섞어요.

4

달군 팬에 식용유와 버터를 섞어 중불에서 녹인 후 감자반죽을 올려 앞뒤로 노릇노릇하게 익혀요. 접시에 담아낼 때 파슬리가루를 뿌려요.

달걀빵

거리에 나서면 곳곳에 길거리 음식들이 눈에 띄어요. 요즘 인기 있는 길거리 음식으로 달걀빵을 빼놓을 수 없어요. 모락모락 김을 내며 구워진 빵 안에 달걀 하나가 고스란히 담겨있어 보기만 해도 뿌듯해요.

Ready 6개 분량

- □ 핫케이크가루 … 1컵
- □ 우유 … 1/2컵
- □ 달걀 … 7개(반죽용 1개, 토핑용 6개)
- □ 슬라이스치즈 … 1장
- □ 파슬리가루 … 약간
- □ 버터 … 약간
- □ 소금 … 약간

1 핫케이크가루에 달걀 1개와 우유를 잘섞어요.

2 슬라이스치즈를 잘게 썰어요.

3 머핀틀에 녹인 버터를 고루 바르고 반죽을 머핀틀의 1/3까지만 부어요.

4 반죽 위에 달걀을 하나씩 깨뜨려 넣고, 잘게 썬 치즈를 4~5조각씩 얹은 후 파슬리가루를 뿌려 180도로 예열한 오븐에서 30분간 노릇하게 구워요.

머랭쿠키

달걀흰자와 설탕으로 만들 수 있는 쿠키랍니다. 달걀흰자를 거품 내어 천천히 구우면 모양을 그대로 간직한 쿠키가 됩니다. 바삭바삭하고 달콤한 식감이 좋아 디저트로 사랑받고 있어요.

1

차가운 달걀을 준비해서 흰자만 분리하고 알끈은 제거해요. 볼에 달걀흰자를 넣고 거품기로 15~20분간 거품을 내요.

2

거품을 내다가 설탕을 3번에 나눠 넣고 계속 거품을 내요.

3

15~20분간 거품을 내다보면 단단하고 풍성한 거품이 생겨요. 여기에 바닐라에센스를 2방울 떨어뜨려 섞어요.

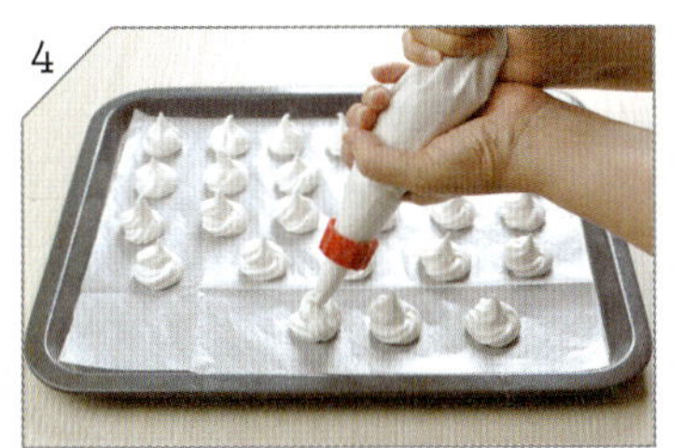

4

오븐팬에 유산지를 깔고 머랭을 담은 짤주머니에 별깍지를 끼우고 모양내어 짜주어요. 100도로 예열한 오븐에서 1시간 20분간 천천히 구워 충분히 식혀요.

말**라**사다도넛

바다가 낭만적인 하와이에서 달콤함을 찾는 사람들의 입맛을 사로잡는 특별한 도넛이랍니다. 쫄깃하고
부드러운 맛을 지닌 말라사다도넛은 한번 맛보면 다시 찾게 되는 강한 중독성이 있다고 해요.

볼에 강력분과 박력분을 체에 쳐서 넣고 설탕, 소금, 드라이이스트를 서로 닿지 않게 넣은 후 고루 섞어요.

1에 전자레인지에 녹인 버터와 달걀을 넣고 우유를 조금씩 부어가며 섞어요.

Ready

□ 강력분 … 300g
□ 박력분 … 300g
□ 설탕 … 3큰술
□ 소금 … 1작은술
□ 드라이이스트 … 3작은술
□ 달걀 … 1개
□ 우유 … 150㎖
□ 버터 … 2큰술
□ 묻힘용 설탕 … 1/2컵
□ 튀김기름 … 적당량

반죽을 15분간 충분히 치대어 면보나 랩을 덮어 잘 부풀도록 따뜻한 곳에서 1시간 정도 발효시켜요.

2배로 부푼 반죽은 손으로 주물러 가스를 뺀 후 1cm 두께로 모양을 잡아 가로세로 7cm 크기로 토막 내어요.

튀김기름의 열이 오르면 중불이나 약불로 줄여서 반죽을 넣어 갈색이 되도록 튀겨요.

튀긴 도넛은 키친타월에 얹어 기름기를 빼고, 뜨거운 상태에서 설탕을 앞뒤로 고루 묻혀요.

아이스크림 와플

고소한 버터 내음을 풍기며 바삭바삭하게 구워진 와플만 봐도 식욕이 동합니다. 여기에 아이스크림과
생과일, 생크림을 얹으면 맛보기도 전에 눈부터 행복해진답니다.

볼에 우유와 달걀을 넣고 거품기로 섞다가 핫케이크가루를 넣고 잘 섞어요.

1에 녹인 버터를 넣고 섞어요.

□ 핫케이크가루 … 200g
□ 우유 … 100㎖
□ 달걀 … 1개
□ 버터 … 40g
□ 식용유 … 약간
□ **토핑**
바닐라 · 녹차 아이스크림 2스쿱씩, 휘핑한 생크림 3스쿱, 사과 1/4개, 망고 1/4개, 키위 1/2개

와플팬에 식용유를 붓으로 얇게 펴 발라요.

달군 와플팬에 반죽을 흐르지 않도록 붓고 앞뒤로 노릇해질 때까지 5분 정도 4~5차례 뒤집어가며 구워요.

사과는 껍질째 깨끗이 씻어서 얄팍하게 썰고, 키위, 망고는 깍둑썰어요.

바삭하게 구운 와플 위에 아이스크림과 휘핑한 생크림을 스쿱으로 퍼서 모양을 살려 올려요. 사과, 키위, 망고도 모양 있게 얹어내요.

Cooking Tip

토핑용 아이스크림과 과일은 취향에 따라 준비해요.

애플파이

향긋한 사과를 아낌없이 넣어 파이를 구웠더니 집안 가득 향긋한 파이 냄새가 진동을 해요.
새콤달콤한 사과가 듬뿍 든 애플파이는 끝없이 먹게 될 만큼 맛이 좋아요.

1 박력분은 곱게 체를 친 후 차가운 버터를 넣고 스크래퍼나 주걱으로 잘게 잘라 황설탕, 소금, 물을 넣고 손으로 반죽해서 비닐팩에 넣어 냉장고에서 1시간 정도 휴지시켜요.

2 팬에 사과를 제외한 사과필링 재료를 모두 넣고 약불에서 끓이다가, 가장자리부터 바글바글 끓어오르기 시작하면 잘게 썬 사과를 넣고 고루 섞어 국물이 자작자작하게 졸아들 때까지 조려요.

3 냉장고에서 숙성시킨 반죽은 밀대로 3mm 정도로 도톰하게 밀어 버터를 살짝 바른 타르트틀에 반죽의 2/3만 넣어 모양을 잡고 부풀어 오르지 않도록 포크로 구멍을 내요.

4 손질이 끝난 파이지에 조린 사과를 한 김 식혀 듬뿍 올려요.

5 남긴 반죽 1/3은 길쭉하게 잘라 파이 위에 가로세로로 엇갈리게 덮은 후 가장자리 모양을 정리해요.

6 달걀노른자를 풀어 붓으로 파이 위에 펴 바른 후 180도로 예열한 오븐에서 40분간 구워요.

Ready — 21cm 파이틀 1개

- □ 박력분 … 300g
- □ 버터 … 100g
- □ 물 … 70㎖
- □ 황설탕 … 10g
- □ 소금 … 약간
- □ 달걀노른자 … 1개
- □ **사과필링**
  사과 2개(중), 황설탕 60g, 소금 약간, 시나몬파우더 5g, 전분 20g, 물 150㎖

청포도타르트

예쁜 카페에서 처음 맛보았던 청포도타르트는 감동 그 자체였어요. 집에서 만든 청포도타르트는 가족들
에게도 감동이었답니다. 맛과 모양 어느 것 하나 빠지지 않는 완소 메뉴예요.

1 청포도는 깨끗이 씻어 찬물에 식초 1 큰술을 넣고 10분 정도 담갔다 물기를 빼고, 낱알을 떼어 냉장고에 넣어 차갑게 준비해요.

2 박력분, 베이킹파우더, 바닐라파우더, 소금은 체쳐 한데 넣고, 차가운 버터를 넣어 스크래퍼로 잘게 잘라 섞고, 달걀을 섞어 한 덩어리로 뭉쳐 비닐랩에 싸서 냉장고에서 30분 정도 휴지시켜요.

- ☐ 청포도 … 1송이(대)
- ☐ 식초 … 1큰술
- ☐ 박력분 … 130g
- ☐ 베이킹파우더 … 2g
- ☐ 소금 … 1/4작은술
- ☐ 달걀 … 1/2개
- ☐ 버터 … 60g
- ☐ 바닐라파우더 … 2g
- ☐ 물 … 30㎖(2큰술)
- ☐ 생크림 … 100g
- ☐ 올리고당 … 약간
- ☐ **커스타드크림**
  달걀노른자 1개, 우유 90㎖, 설탕 30g, 박력분 10g, 바닐라에센스 약간

3 휴지시킨 반죽은 밀대로 도톰하게 밀어 타르트틀에 넣어 모양을 잡고 포크로 콕콕 찔러서 180도로 예열한 오븐에서 25분간 구워 한김 식혀요.

4 달걀노른자에 설탕을 섞고, 박력분을 넣어 섞은 후 우유와 바닐라에센스를 넣고 약불에서 천천히 저어가며 엉길 때까지 끓여요. 완성된 커스타드크림을 냉장고에 넣어 차갑게 식혀요.

5 잘 구워진 타르트에 차가운 커스타드크림을 펴 발라요.

6 생크림을 단단한 거품이 생기도록 거품기로 휘핑해서 커스타드크림 위에 듬뿍 올리고 청포도로 장식해요.

브라우니

초콜릿의 달콤하고 진한 맛이 느껴지는 케이크로 커피와 아주 잘 어울립니다. 어린이 간식으로도 많은
사랑을 받고 있으며, 선물용으로도 그만이지요. 홈메이드로 보다 진하게 만들어 즐겨보세요.

Ready **23cm 파운드틀 1개**

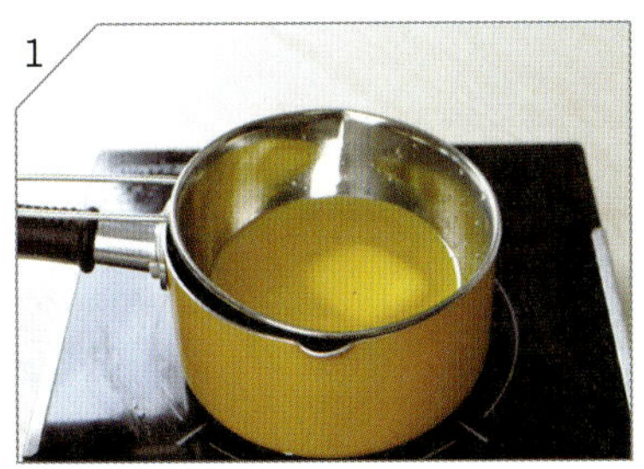

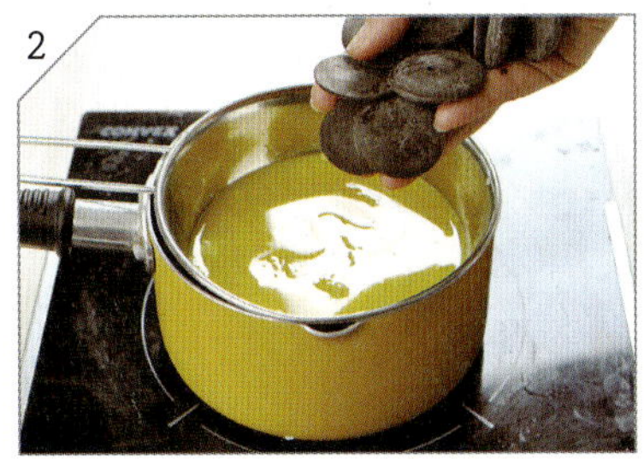

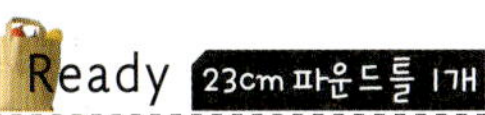

- □ 다크초콜릿 … 200g
- □ 버터 … 60g
- □ 박력분 … 100g
- □ 설탕 … 150g
- □ 달걀 … 2개
- □ 코코아가루 … 70g
- □ 베이킹파우더 … 5g
- □ 소금 … 1/2작은술
- □ 아몬드 … 1/2컵

1

버터는 끓는 물에 중탕해서 천천히 녹여요.

2

버터가 녹으면 달걀을 풀어 넣고 잘 섞은 후 다크초콜릿을 넣어 천천히 녹여요.

3

녹인 초콜릿은 잠시 식혀요.

4

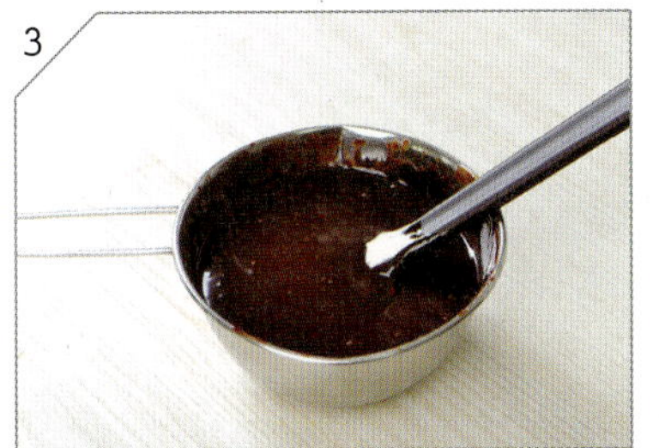

볼에 박력분과 베이킹파우더, 설탕, 소금을 체로 쳐서 넣고 코코아가루도 체쳐서 섞어요.

5

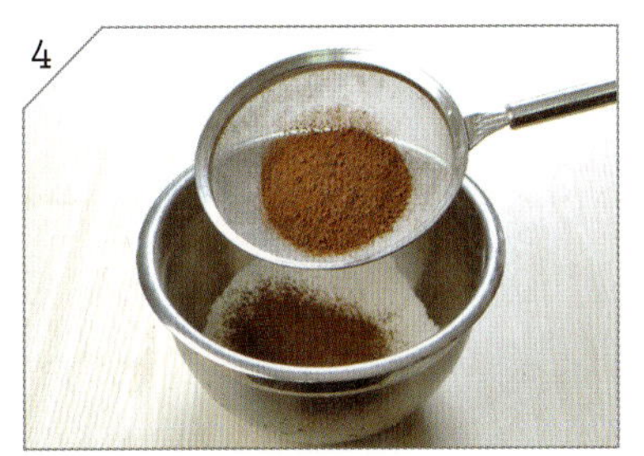

체친 가루류에 중탕한 초콜릿을 붓고 다진 아몬드를 반만 넣고 섞어 반죽을 완성해요.

6

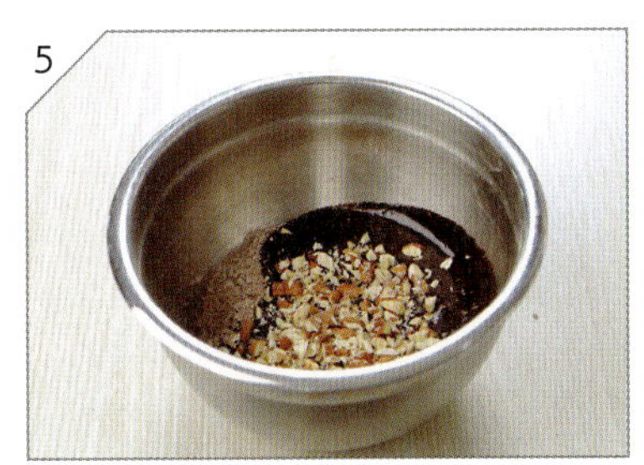

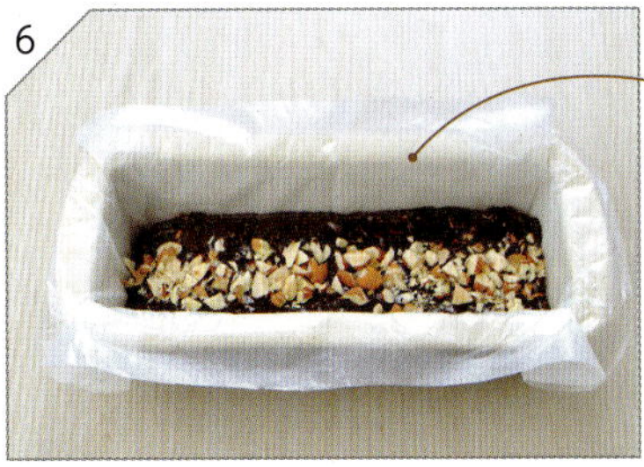

오븐의 사양이 다르니 구워지는 상태를 보아가며 시간 조절을 하세요.

파운드 틀에 브라우니 반죽을 평평하게 붓고 다진 아몬드 남은 것을 얹어 180도로 예열한 오븐에서 25분간 구워요.

티라미수

유럽의 대표적인 디저트 티라미수는 부드러운 크림과 진한 커피의 맛이 어우러져 입안에 넣는 순간 기분까지 행복해져요. 집에서 간단히 만들 수 있어 행복함을 느끼고 싶을 때 휘리릭 만들어 봅니다.

Ready

- □ 카스텔라 … 3쪽(1cm 두께)
- □ 달걀노른자 … 2개
- □ 설탕 … 35g
- □ 크림치즈 … 150g
- □ 생크림 … 80g
- □ 무가당 코코아가루 … 30g
- □ 커피시럽
  물 1/2컵, 커피 1/2큰술

1 달걀노른자와 설탕을 중탕으로 가열하면서 거품기로 섞고 실온 상태의 크림치즈를 넣어 거품기로 섞어요.

2 생크림을 거품 내어 넣고 주걱으로 자르듯이 섞어 부드러운 크림으로 만들어요.

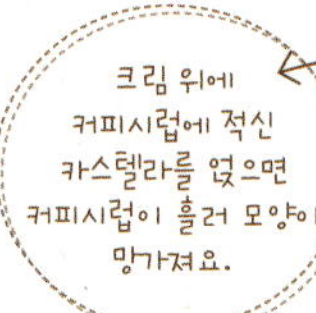

3 작은 컵에 카스텔라를 작게 뜯어 담고 커피와 물을 섞어 만든 커피시럽을 끼얹어 적셔요. 2의 크림을 얹고 냉장고에 넣어 30분간 굳혀요.

4 냉장고에 넣어 살짝 굳은 크림 위에 커피시럽으로 적신 카스텔라를 얹고 다시 크림을 얹은 후 코코아가루를 체에 밭쳐 뿌려요.

과일빙수

입안이 얼얼하도록 차가운 빙수를 먹으면 온몸이 서늘해져서 더위쯤은 문제없어요. 눈꽃처럼 입안에서 사르르 녹는 진한 맛의 우유얼음과 갖가지 과일을 골라 먹는 재미, 구수한 팥의 맛까지 더해져 자꾸 먹고 싶어요.

Ready 2인분

- □ 우유 … 500㎖
- □ 빙수용 단팥 … 200g
- □ 냉동 딸기 … 5개
- □ 망고 … 1/2개
- □ 키위 … 1개
- □ 빙수용 찰떡 … 2큰술
- □ 콘플레이크 … 2큰술
- □ 슬라이스 아몬드 … 1큰술
- □ 연유 … 2큰술

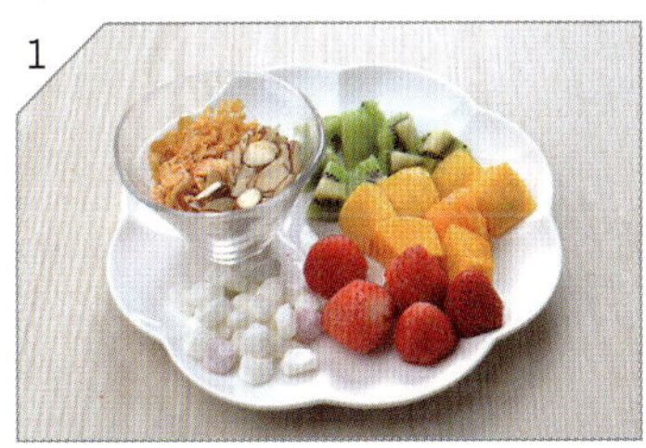

1 냉동 딸기는 살짝 녹이고, 망고와 키위는 깍둑썰며, 빙수용 찰떡, 콘플레이크, 슬라이스 아몬드도 준비해요.

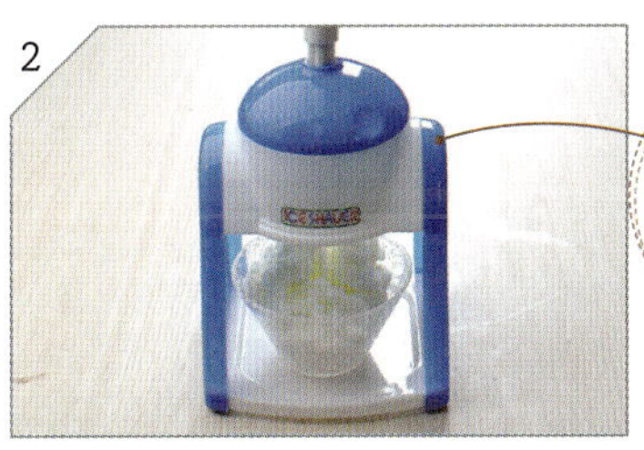

2 우유는 하루 전날 냉동실에 넣어 단단하게 얼린 후 빙수기에 곱게 갈아요.

3 우묵한 그릇에 우유얼음을 소복하게 담고 연유를 끼얹고 딸기, 망고, 키위, 찰떡을 돌려 담아요.

4 단팥을 얹고 슬라이스 아몬드와 콘플레이크를 얹어내요.

우유푸딩

기분이 가라앉은 날이면 달콤한 것이 더욱 그리워집니다. 보들보들 탄력 있고 달콤한 우유푸딩으로 기분을 업시켜보세요. 집에서 손쉽게 만들 수 있는 우유푸딩은 식사 후 디저트로도 그만이랍니다.

달걀에 설탕을 넣고 거품기로 잘 풀어
요.

우유, 생크림을 약불에서 따뜻하게
데워 1에 넣고 잘 섞어 푸딩물을 만
들어요.

냄비에 분량의 카라멜시럽 재료를 넣
고 젓지 말고 그대로 끓여요.

바글바글 끓어오르면서 살짝 갈색으
로 변하기 시작하면 재빨리 불에서 내
려요.

푸딩병에 카라멜시럽을 조금씩 붓고
한김 식혀요.

카라멜시럽 위에 2의 푸딩물을 부어
요. 오븐팬에 물을 자작하게 붓고 푸
딩병을 가지런히 올려 150도로 예열한
오븐에서 30분간 중탕으로 익혀요.

블루베리주스

블루베리는 신이 내린 선물이라는 호칭이 붙을 만큼 영양이 우수해서, 세계 10대 수퍼푸드로 꼽히는 과일이에요. 블루베리를 듬뿍 갈아 넣은 주스 한 잔은 보약이나 다름없겠죠?

Ready — 1잔

- ☐ 블루베리 … 1/2컵
- ☐ 우유 … 1/3컵
- ☐ 플레인 요구르트 … 1/2통
- ☐ 꿀 … 1큰술
- ☐ 얼음 … 1/2컵

1 생블루베리나 냉동 블루베리를 1/2컵 준비해요.

2 믹서기에 블루베리와 얼음을 넣고 곱게 갈아요.

3 2에 우유, 플레인 요구르트, 꿀을 섞어 간을 맞춰요.

홍시스무디

말랑말랑 달콤한 홍시는 그냥 먹어도 맛있지만, 스무디로 만들어 마셔도 손색없답니다. 아이스크림처럼 부드러운 맛에 온몸이 녹아드는 듯해요.

 **Ready**　　`1잔`

- ☐ 홍시 … 1개
- ☐ 찬물 … 1/4컵
- ☐ 설탕 … 1/2큰술
- ☐ 플레인 요구르트 … 2큰술
- ☐ 레몬즙 … 1작은술
- ☐ 대추 … 1개

1

홍시는 껍질을 벗기고 씨앗을 빼서 큼직하게 썰어요.

2

믹서기에 홍시, 찬물, 설탕을 넣고 곱게 갈아요.

3

2에 플레인 요구르트, 레몬즙을 넣어 갈아낸 후 씨앗을 뺀 대추를 돌돌 말아 얇게 썰어서 올려내요.

고구마라떼

속살이 샛노란 고구마가 제철일 때
달달한 고구마로 라떼를 만들어요.
부드러운 맛은 물론 한잔의 여유로
움까지 느낄 수 있답니다.

Ready　2잔

- □ 고구마 … 1개(중)
- □ 우유 … 500㎖
- □ 꿀 … 3큰술
- □ 계피가루 … 약간

1 고구마는 전자레인지에 5분간 푹 무르게 쪄요.

2 우유는 끓기 직전까지 따끈하게 데워요.

3 믹서기에 찐고구마와 따뜻한 우유를 붓고 꿀을 넣어 거품이 생기도록 갈아요. 계피가루를 살짝 뿌려내요.

와인샹그리아

달콤한 와인에 계절과일과 탄산수를 섞어서 마시는 스페인의 전통 음료예요. 향긋하고 맛이 순해서 부담 없이 마실 수 있어, 특별한 날 분위기를 더욱 살려주는 와인칵테일이랍니다.

 Ready 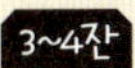 3~4잔

- □ 레드와인 … 3컵
- □ 오렌지주스 … 1컵
- □ 탄산수 … 1컵
- □ 사과 … 1개
- □ 오렌지 … 1개
- □ 레몬 … 1개

1 사과, 오렌지, 레몬은 껍질째 깨끗이 씻어서, 사과는 가로로 얄팍하게 썰어 가운데 씨앗을 빼고, 오렌지는 반달로 썰며, 레몬은 세로로 8조각을 내요.

2 유리 피처에 레드와인, 오렌지주스, 탄산수를 붓고 섞어요.

3 2에 사과, 오렌지, 레몬을 넣어 잘 섞어 냉장고에 차게 보관했다 마셔요.

단호박식혜

우리의 전통 음료 식혜에 달콤한 단호박을 넣어 별미 단호박식혜를 만들어보세요. 단호박의 달콤함 때문에 일반 식혜를 만들 때보다 설탕을 적게 넣어 건강에도 좋아요. 또 식사 후 소화와 장운동을 도와준답니다.

8~10인분

- 단호박 … 1개
- 엿기름 … 4컵(400g)
- 물… 5ℓ
- 불린 쌀 … 2컵
- 설탕 … 1.5컵
- 생강즙 … 1/2큰술

1

엿기름에 찬물 3ℓ를 부어 1시간 이상 실온에서 불려요.

2

불린 엿기름은 손으로 바락바락 주물러 뽀얗게 우러나면 체에 밭쳐 엿기름물을 받아내고, 걸러낸 엿기름 건더기에 다시 찬물 2ℓ를 붓고 주물러 엿기름물을 받아내요. 이렇게 두 번 거른 엿기름물을 한군데 합쳐 6시간 이상 앙금을 가라앉혀요.

3

불린 쌀로 평소보다 밥물의 양을 적게 잡아 고슬고슬하게 고두밥을 지어요. 6시간 동안 가라앉힌 엿기름물의 맑은 윗물만 밥에 따라 부어요.

4

설탕을 넣고 잘 섞은 후 전기밥솥 보온 기능을 5시간으로 맞춰서 밥알이 동동 떠오를 때까지 삭혀요.

5

단호박은 껍질을 벗기고 속을 파낸 후 찜통에 10분간 쪄서 뜨거울 때 곱게 으깨요.

6

삭힌 식혜의 밥알을 체로 걸러내고, 식혜물만 냄비에 부어 단호박을 체에 걸러 넣고, 생강즙을 넣어 한소끔 끓여요. 끓인 식혜물에 다시 밥알을 섞고 냉장고에 보관해요.

수정과

계피와 생강향이 솔솔 나는 수정과는 알싸하고 개운한 맛으로 오랫동안 사랑받아온 우리
의 전통 음료랍니다. 환절기 감기 예방에도 좋아 넉넉히 만들어 건강 음료로 즐기세요.

□ 계피 … 100g
□ 생강 … 100g
□ 흑설탕 … 1컵
□ 백설탕 … 1컵
□ 물 … 4ℓ
□ 통후추 … 1.5큰술
□ 잣 … 약간

□ **곶감 쌈**
　곶감 8개, 호두 1줌

1 계피는 주방 솔로 문질러 닦아 찬물 2ℓ를 붓고 통후추를 넣어 끓여요. 끓으면 약불로 줄여 40분간 은근히 끓여요.

2 생강은 껍질을 벗기고 편으로 썰어서 찬물 2ℓ를 붓고 끓이다가 약불로 줄여 40분간 끓여 건더기를 걸러요.

3 계피 끓인 물은 면보에 걸러 생강물과 섞어요.

4 흑설탕, 백설탕을 넣어 한소끔 끓인 후 식혀서 냉장 보관해요.

5 곶감은 씨를 제거하고 반으로 잘라 호두를 한 알씩 넣고 돌돌 말아서 손으로 꼭 쥐어 단단하게 붙도록 한 후 도톰하게 썰어요. 곶감 쌈은 수정과에 띄우거나 곁들여내요.

Index

ㄱ

간장게장 78
갈비찜 118
갈치조림 92
감자옹심이 66
감자전 65
감자탕 160
감자팬케이크 297
견과모둠강정 292
견과찰떡 294
고구마단호박맛탕 282
고구마라떼 316
고구마크로켓 280
고구마피자 200
곤드레밥 74
골뱅이무침 216
곰취장아찌 273
과일물김치 260
과일빙수 311
구절판 148
굴국 106
굴무침 108
김치말이국수 54
김치전 64
꼬리곰탕 241
꽃게찜 102

ㄴ

나물비빔밥 37
나박김치 122
나시고랭 50
낙지해물찜 254
난과 커리 186
난자완스 196
냄비우동 59
냉이쑥국 76

ㄷ

녹두빈대떡 120
누룽지백숙 246
누룽지탕 192

단팥죽 31
단호박꽃게탕 164
단호박식혜 318
단호박영양밥 33
단호박치즈돈까스 204
달걀말이김밥 41
달걀빵 298
닭갈비 168
닭강정 210
닭고기무쌈말이 154
닭볶음탕 170
대합치즈구이 224
더덕구이 248
돌솥비빔밥 38
된장삼겹살 173
두릅무쌈말이 250
두릅튀김 82
두부김치 214
등갈비김치찜 110
딸기샐러드 228
떡갈비 138

ㄹ

레몬크림새우 213
로스트치킨 226
리코타치즈샐러드 232
립바비큐 184

ㅁ

말라사다도넛 300
매생이굴국 240
매실장아찌 274
매운 갈비찜 174
머랭쿠키 299
멍게비빔밥 39
메밀국수 56
모둠 쌈밥 47
모둠장아찌 276
모둠전 140
묵은 나물볶음 130
민어매운탕 88

ㅂ

백김치 268
보쌈김치 270
봄나물전 83
불고기 172
브라우니 308
블루베리샐러드 229
블루베리주스 314
비빔만두 286

ㅅ

삼계탕 244
삼색나물 124
삼색수제비 68
새우매운찜 100
색색주먹밥 44
생태탕 162
석류물김치 262
송편 134
쇠고기샤브샤브 155
쇠고기떡국 116
쇠고기뭇국 128
쇠고기버섯전골 156
쇠고기찹쌀편채 150
수수부꾸미 142

수육보쌈 178
수정과 320
수제 햄버거 199
숯불갈비김밥 42
시래깃국 112
쌀국수 58

─────── ㅇ ───────

아귀찜 114
아몬드닭꼬치 218
아이스크림 와플 302
안동찜닭 176
애플파이 304
약식 132
양송이수프 182
어묵탕 70
연어샐러드 231
연어스테이크 183
연어조밥 43
연포탕 96
열무냉면 90
오곡밥 126
오니기리 46
오므라이스 48
오색경단 296
오이미역냉국 91
오징어순대 180
오징어통구이 215
오코노미야끼 220
오향장육 256
옥수수빠스 284
와인상그리아 317
우유푸딩 312
우족탕 242
월남쌈 188
육개장 158
인삼영양솥밥 238

─────── ㅈ ───────

잔치국수 53
잡채 152
장어구이 251
쟁반냉면 52
전가복 258
전복죽 84
전복치즈구이 252
전어회무침 98
주꾸미볶음 80
짜장면 62

─────── ㅊ ───────

차돌박이샐러드 234
참치샌드위치 198
참치죽 29
참치타다끼 222
찹스테이크 206
찹쌀탕수육 190
채소죽 28
청포도타르트 306
초계탕 86
초밥케이크 202
충무김밥 45
치킨너겟 287
치킨돈부리 51
치킨떡볶이 290
치킨불강정 288
칠리새우 194

─────── ㅋ ───────

카르보나라 61
캘리포니아롤 40
콩국수 55
콩나물밥 34
크리스피치킨 208

─────── ㅌ ───────

탄두리치킨 185
탕평채 146
토란국 136
토마토스파게티 60
토마토자몽샐러드 230
토마토카프레제 212
통양파장아찌 272
티라미수 310

─────── ㅍ ───────

표고버섯밥 94
풋고추김치 266

─────── ㅎ ───────

한입 오이소박이 264
해물리조또 49
해물짬뽕 63
해물칼국수 57
해물탕 166
해물파전 104
호박죽 32
홍시스무디 315
홍합밥 35
홍합탕 109
회덮밥 36
흑임자죽 30

샘표
조림, 볶음요리
샘표 맛간장으로
한방에 뚝딱!!
두부
두부조림
연근
연근조림
멸치
멸치볶음
샘표
60년 발효명가
조림 볶음용
맛간장
Seasoning Soy
930ml
맛내기 까다로운 조림, 볶음요리 간단하게 완성하는 비법 – 샘표 맛간장
65 year 65년 발효 명가 샘표의 양조간장으로 만들어 깊은 맛
10 10가지 국산 양념과 과일이 어우러져 풍부한 맛
염도를 낮춰 부드럽고 조화로운 맛

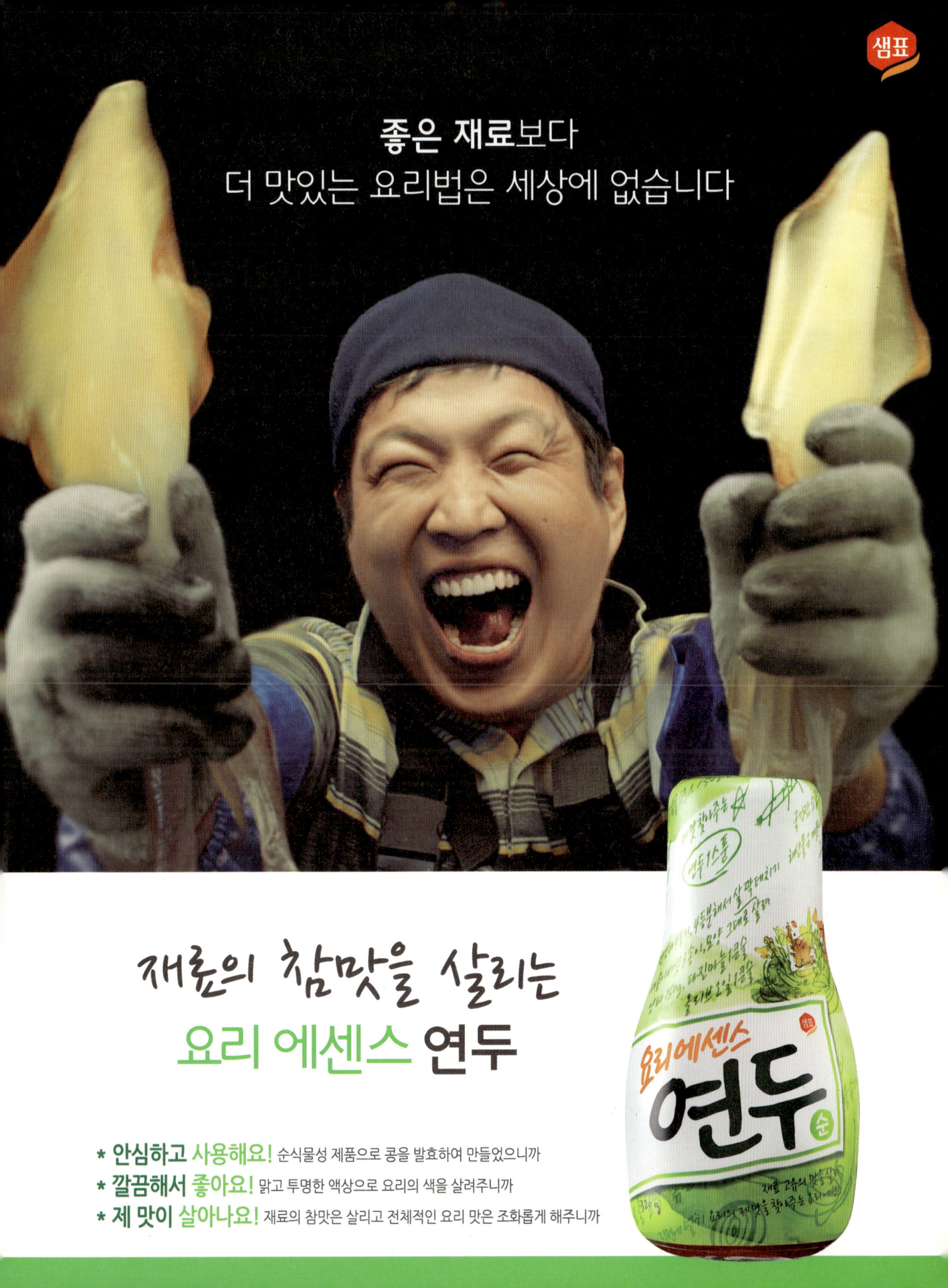

좋은 재료보다
더 맛있는 요리법은 세상에 없습니다

재료의 참맛을 살리는
요리 에센스 연두

* **안심하고 사용해요!** 순식물성 제품으로 콩을 발효하여 만들었으니까
* **깔끔해서 좋아요!** 맑고 투명한 액상으로 요리의 색을 살려주니까
* **제 맛이 살아나요!** 재료의 참맛은 살리고 전체적인 요리 맛은 조화롭게 해주니까

부침, 튀김, 구이등
다양하게 사용할 수 있는
백설 카놀라유

Beksul premium oil gift set brings you the happiness of cooking. Its fresh taste and aroma is very good for salad and other casual cookings.

Premium Quality

FROM CANADA